一次診療で
押さえておきたい！

犬と猫の
できもの
対策

～皮膚腫瘍へのアプローチ～

著
強矢 治

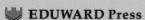

はじめに

　本書の大部分は，株式会社インターズー（現株式会社 EDUWARD Press）より発行され，今は残念ながら休刊となった獣医皮膚科雑誌「Small Animal Dermatology」に 2010 年から 2012 年にかけて連載されていた内容である。すなわちもともとは，獣医皮膚科を学ぶ先生に向けて，かなり古くに書かれたコンテンツであることを前提に読み進めていただきたい。もちろん 10 年以上前の連載をまとめただけの単なる古ぼけた書籍ではなく，その後も日々新たに得た知識と経験をもとに，当時の内容に追加修正を施してリニューアルを図った。第 1 章『総論』と第 2 章『各論』は体表腫瘍の診療の全体像を把握するための「読み物」として，ぜひ臨場感を味わいながら通読することをお勧めしたい。逆に何か調べ物をする際の利用には向かないかもしれないが，そこはご容赦いただければ幸いである。第 3 章『手技』と第 4 章『犬と猫の皮膚腫瘍細胞診アトラス』は，第 1 章『総論』と第 2 章『各論』で身に着けた考え方を現場での実践により活かせるよう追加で書き下ろした。とくに本書の内容のキモともいえる細胞診については，アイデックスラボラトリーズ株式会社の平田雅彦先生に多くの顕微鏡写真の提供を依頼した。細胞診初学者の先生は，ぜひ本書を顕微鏡の傍に常備して，採取された細胞と見比べながら活用してもらいたい。

　さて，10 年以上前の連載当時と現在とでは国内の小動物臨床の環境は大きく変化した。当時は現在とは異なり，大学病院を除く民間の大規模二次診療施設や国内外の専門医が勤務するような本格的な専門科を有する病院は全国でも数えるほどしか存在しなかった。そのようななか，皮膚科および腫瘍科の専門医のもとで二次診療を経験したのちに一次診療の現場で働くジェネラリストという立場で，「腫瘍科ではこんなことをしている」と，皮膚科の先生方に紹介するつもりで執筆していた。今となっては，腫瘍科を含む獣医臨床教育も過去に比べてかなり充実したものとなり，若い先生の知識に圧倒されそうになる場面もなくはない。今回，10 年越しの書籍化のお話を頂いた際にも「とてもじゃないがおこがましい」と実は一度お断りした経緯があった。しかし，編集部からの熱い説得を受け，改めて連載時の内容を読み返したとき，むしろそこには私自身が 10 年以上変わらず一次診療の現場で実践している不変的な内容がしたためられていたことに気づかされた。ベテランの先生や腫瘍科の勉強をしている先生にとっては今や当たり前の内容が多く，ものたりないかもしれないが，若手の先生や初学者にとって，気軽に通読して腫瘍科診療の基本に触れ，日々の

臨床の助けとなる一冊になればと依頼をお受けした次第である。なお，タイトルには「皮膚腫瘍」とあるが，総論的な考え方は皮膚以外の腫瘍にも通じる部分が少なくない。

連載時には自信をもって書いた内容，撮った写真であったが，現在の最新の専門誌に掲載されているようなスマートな二次診療レベルの情報と照らしわせたときに，我ながら見劣りするものであることは否めない。しかし，高度な"お手本"情報に満ち溢れた現在において，今となっては恥ずかしさすら感じる内容をもさらけ出すことによって，「一次診療ではこの程度の内容でも許されるのだ」と読者の先生方を勇気づける役割が果たせればそれでよいとも考えた。二次診療や専門医への分業化の流れは確かに重要であることは間違いないが，個々の動物や飼主にとって常にそれが最適解とは限らず，一次診療の砦を守ることもまた，今も昔も変わらず大事であろうと勝手ながら考えている。

本書が一人でも多くの読者の先生方の診療現場でお役に立ち，一頭でも多くの動物とそのご家族の真の幸せな関係づくりの助けになればこの上ない喜びである。

当時このような連載の機会を与えていただいた琉球動物医療センター元院長の兼島孝先生ならびに株式会社インターズーの須藤孝氏をはじめ，毎回原稿の提出を根気強く見守っていただいた編集部の藪妙美，遠藤徴子両氏に，そして今回の書籍化にあたり尽力していただいた株式会社EDUWARD Pressの太田宗雪社長および編集部の橋田のどか氏に，この場を借りて厚く御礼申し上げます。また，連載の執筆にあたりご助言をいただいた，アイデックスラボラトリーズ株式会社（連載当時は帝京科学大学）の関口麻衣子先生，日本小動物医療センター（連載当時は酪農学園大学）の廉澤剛先生ならびに手術屋の中島尚志先生，そして，未熟な私に腫瘍科診療のお手本を示していただいた日本小動物がんセンターの小林哲也先生，皮膚科診療ならびに小動物臨床の基礎を叩き込んでいただいた東京農工大学名誉教授の岩﨑利郎先生に心から感謝の意を表します。

2024年11月
西湘動物病院 院長
平塚夜間救急動物医療センター 取締役
日本獣医皮膚科学会 理事

強矢 治

目次

はじめに 2

第1章 総論 〜体表腫瘤に対するアプローチ法　　　7

1 診断の重要性 9
　　Column　細胞診を検査会社へ送る前に〜丸投げ禁止令〜 17
2 外科治療の考え方 18
　　Memo　切除縁ことはじめ 21
3 治療前にしておくべきこと（ステージング） 27
　　Column　リンパ領域（lymphosome）という概念 32
4 集学的治療 35
　　Column　がん治療の4本目・5本目の柱 38
5 病理組織学的検査の考え方 40
6 二次診療への紹介 42
　　Column　一次診療の役割 45
参考文献 46

第2章 各論　　　49

1 非腫瘍性病変 50
　症例紹介 53
　　症例1. 毛包嚢胞／表皮嚢胞（毛包由来良性腫瘍） 53
　　症例2. 化膿性肉芽腫性炎症をともなう毛包嚢胞／表皮嚢胞（毛包由来良性腫瘍） .. 54
　　症例3. アポクリン腺嚢胞 55
　　症例4. 異物性肉芽腫（縫合糸肉芽腫） 56
　　症例5. 縫合糸肉芽腫（化膿性肉芽腫性炎症） 58
　　症例6. 無菌性結節性脂肪織炎 60
2 良性腫瘍 61
　症例紹介　切除を必要としなかった良性腫瘍 64
　　症例7. 脂肪腫 64
　　症例8. 肛門周囲腺腫 66
　　症例9. 犬皮膚組織球腫 68
　　症例10. リンパ球浸潤をともなう犬皮膚組織球腫 70
　症例紹介　切除を実施した良性腫瘍 72
　　症例11. 脂肪壊死をともなう脂肪腫ならびに筋間脂肪腫 72
　　症例12. 毛芽腫（基底細胞腫） 74

	症例13. 皮脂腺腫	76
	症例14. 皮脂腺上皮腫ならびに皮脂腺腫	78

3　悪性腫瘍　　80

- 症例紹介　切除後の再発例　　84
  - 症例15. 第2指爪床扁平上皮癌　　84
  - 症例16. 皮膚肥満細胞腫ステージⅢaまたはステージⅣa　　86
  - **Memo**　犬の皮膚肥満細胞腫のステージ分類とグレード分類　　88
- 症例紹介　追加手術を実施した例　　90
  - 症例17. 皮膚肥満細胞腫ステージ0　　90
  - 症例18. 皮膚肥満細胞腫ステージⅡa　　91
  - **Memo**　犬の皮膚肥満細胞腫のリンパ節転移　　93
- 症例紹介　外科治療のみを実施した例　　94
  - 症例19. 血管肉腫　　94
  - 症例20. 悪性黒色腫　　96
  - 症例21. 皮膚肥満細胞腫 Patnaik グレードⅠ〜Ⅱ　　98
  - 症例22. 低悪性度の軟部組織肉腫（血管周皮腫）　　100
  - **Memo**　軟部組織肉腫の手術計画　　102
- 症例紹介　外科治療と化学療法の併用例　　107
  - 症例23. 皮膚肥満細胞腫 Patnaik グレードⅡ　　107
  - 症例24. 高悪性度の軟部組織肉腫　　110
  - **Memo**　メトロノーム療法（metronomic chemotherapy）　　112
- 症例紹介　分子標的治療を実施した症例　　113
  - 症例25. 肥満細胞腫のリンパ節転移　　113
  - **Memo**　肥満細胞腫と *c-kit* 遺伝子変異　　115
  - **Column**　モーズペーストの歴史　　122
- 症例紹介　根治不可と判断され緩和治療を実施した例　　123
  - 症例26. 広範囲の壊死をともなう骨肉腫　　123
  - 症例27. 口腔由来扁平上皮癌　　125

4　皮膚由来ではない体表腫瘤　　127

- 症例紹介　　129
  - 症例28. 浅鼠径リンパ節転移をともなう乳腺癌　　129
  - 症例29. 多中心型リンパ腫　　131
  - **Memo**　犬のリンパ腫のステージ分類　　133
  - 症例30. 甲状腺癌の疑い　　134
- 参考文献　　136

第3章 手技 〜私はこうしている　143

1. 細胞診のテクニック　144
   - **Memo** 簡易ライト・ギムザ染色のすすめ　147
2. 組織生検のテクニック　148
3. 切除と創閉鎖のテクニック　152
   - **Column** 舟形切除と簡易法　158
   - **Memo** 陰嚢皮弁　165
   - **Column** 二期癒合を少し深掘りする　172
4. 自壊に対するテクニック　174

参考文献　178

第4章 犬と猫の皮膚腫瘍細胞診アトラス　179

1. 細胞の観察法　180
2. 細胞診アトラス　184
   - 炎症性病変　184
   - 非炎症性非腫瘍性病変　185
   - 上皮系腫瘍　186
   - 間葉系（非上皮系）腫瘍　193
   - 独立円形細胞腫瘍　198

参考文献　204

索引　205
執筆者紹介　208

本書の使い方

- 本書に記載されている薬品・器具・機材の使用にあたっては、添付文書（能書）や商品説明書をご確認ください。

【動画について】
- 「▶」マークのついている図版は、動画と連動しています。URL を打ち込んでいただくか、QRコードを読みとっていただき、動画をご視聴ください。

【**Column** と **Memo** について】
- **Column**：筆者の意見をまとめました。
- **Memo**：本文に入りきらなかった追加情報をまとめました。

第1章

総論
~体表腫瘤に対するアプローチ法

1 総論
～体表腫瘍に対するアプローチ法

　近年，飼育動物の高齢化にともない，腫瘍症例が診察に訪れる機会が増えている。それとともに腫瘍学に関する知識や技術の習得の重要性がさらに増しているといえるだろう。なかでも皮膚は犬・猫において腫瘍が最も発生しやすい部位のひとつであることが知られている。そして皮膚に発生した病変は肉眼での観察が容易であり，しばしば飼い主によって発見され，動物病院へ来院する理由となる。日々の診療で遭遇する皮膚腫瘍症例。「皮膚腫瘍」とひとくくりにいうものの，腫瘍の種類，進行度，動物の全身状態は症例によって異なり，飼い主の理解度や要求はさまざまである。その症例ごとに，合理的かつ適切な診察を進めることができているだろうか。

　この書籍を手にしている読者は皮膚科臨床に強い興味をもっていることだろう。しかしなかには，「皮膚は得意だけど腫瘍にはあまり関心がない」とか，「皮膚腫瘍は腫瘍科に任せるべきであって皮膚科の仕事ではない」など，皮膚腫瘍に興味をもてない読者もいるかもしれない。しかしここで思い出していただきたい。あなたの座右の皮膚科テキストにも，皮膚腫瘍の項目が必ず記載されてはいないだろうか。皮膚腫瘍は，れっきとした皮膚科の1分野である。皮膚科臨床に興味があるのであれば，皮膚腫瘍についても十分な診断および治療が行えるよう準備をしておくべきだと筆者は考える。

　本書では，一般臨床医が身につけておくべき皮膚腫瘍に関する知識や技術を，基礎情報から診断，治療まで内科的，外科的手法を含めて総括的に伝えたい。これは二次診療施設での皮膚科臨床ならびに腫瘍科臨床の双方の現場に携わってきた筆者の経験をもとに執筆するものであるが，その内容はあくまで一般臨床医レベルでのお話ととらえていただければ幸いである。逆にいえば，一次診療の現場でも十分にやれること，やるべきことを中心に書いたつもりである。

　本書の第1章は総論的な位置づけとし，腫瘍の種類にかかわらず普遍的なアプローチの考え方を，第2章『各論』では体表腫瘍の種類またはカテゴリーをひとつずつ取り上げ，実際の症例紹介などを含め各論的に解説する。

1. 診断の重要性

本当に「様子をみて」いて良いのか

　飼い主が偶然見つけた小さな皮膚腫瘍。日々忙しい診察時間の中で，それが主訴でもない限り，「少し様子をみましょう」とか「大きくなるなら検査しましょう（手術で取りましょう）」などと，ついつい先送りにしてしまいがちである。とくに，その他の主訴で来院した動物に対して一連の診察が終了し「お大事にどうぞ」と一息つこうとしたときに，「先生，そういえばここにできものが」と小さな腫瘍を指差された瞬間，ガクンとやる気が失せてしまう獣医師は筆者だけだろうか。

　発見した皮膚腫瘍のすべてに対して検査や手術を行うというのは現実的ではないだろう。とはいうものの，理想的にはすべからく検査を行うべきだと筆者は考える。「様子をみて」いるうちに，あっという間に切除しきれないサイズになってしまうかもしれない。また，悪性であれば全身への転移が始まってしまうかもしれない。そうなると，「だからあのときいったのに」と非難してくる飼い主もいるだろう。

「とりあえず取ってみましょう」？

　では，飼い主から小さな皮膚腫瘍について相談を受けてひとこと。「まだ小さいし簡単な手術で取ってしまえば大丈夫ですよ」。これは乱暴すぎる進め方であることはおわかりだろう。それでは次のようなひとことではどうだろうか？「とりあえず手術で取って良性か悪性か調べてみましょう」。一見もっともらしく聞こえるが，実はこれもよくありがちな間違いである。たかが皮膚腫瘍と甘くみていないだろうか。

　このようなアプローチの結果，起こり得るトラブルとして，「一度手術したのにすぐ再発してまた再手術させられた」とか，「腫瘍を取ったは良いけどすぐに亡くなった。こんなことになるなら手術なんて痛い思いさせなければ良かった」などが考えられる。こうしたトラブルは，悪性腫瘍を甘くみて戦いを挑んでしまった結果，マージン不十分な切除による再発や，ステージング不十分による遠隔転移の見逃しという，手痛いしっぺ返しをくらったわけである。

　さらに，いわゆるマージンダーティーな腫瘍切除術は，単に「取りきれていない」だけでは済まないこともある。腫瘍外科の基本的な考え方として，悪性腫瘍を完全切除する最大のチャンスは「初回の手術」である。最初に中途半端な手術をすることにより，次に再発したときには腫瘍の浸潤度が増し，さらに完全切除が困難になるケースが少なくない。何度手術しても再発を繰り返すしつこい体表腫瘍の症例（**図1-1**）に心当たりはないだろうか？初期に正しく診断し，十分な治療計画を練ることによって，そのような失敗を減らすことが可能となる。

　また，術後の病理結果から考えると手術自体が本来適応でなかった，という事態も起こり得る。例えば，肉芽腫や結節性脂肪織炎（**図1-2**）などであれば内科治療で改善が期待できたかもしれない。皮膚組織球腫（**図1-3**）の初期であれば自然退縮を期待するという選択肢を提示できたはず

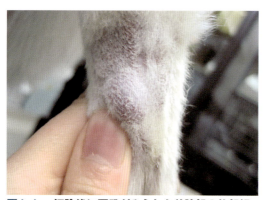

図1-1 切除後に再発がみられた前腕部の軟部組織肉腫
再発を繰り返し，断脚手術を提示されていた。

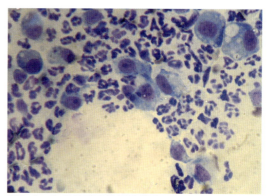

図1-2 無菌性結節性脂肪織炎の細胞診所見
内科治療により良好に管理された。

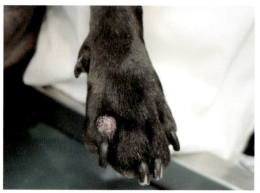

図1-3 皮膚組織球腫の典型的な肉眼所見
この後，自然に退縮した。

図1-4 口腔内に扁平上皮癌を有する症例
肛門周囲に多発性の皮膚腫瘤（矢印）が発見され，細胞診にて扁平上皮癌が疑われた。

だ。皮膚リンパ腫であれば化学療法も検討すべきだっただろう。また，多臓器に播種した悪性腫瘍の皮膚転移（**図1-4**）であったなら，皮膚病変の治療の意義自体に疑問が残る。敵の素性がハッキリしないまま戦いに臨むのは不用意であり，合理的な治療を進めることは不可能である。可能な限りまず診断，「敵を知る」ことから始めたい。

皮膚腫瘍の「名前」と特徴を知る

これら腫瘍の肉眼写真から（**図1-5～8**），どれが悪性でどれがそうでないか判断できるだろうか？結果的には，病理組織学的検査により，**図1-5**は肥満細胞腫（悪性），**図1-6**は皮脂腺上皮腫（低悪性度），**図1-7**は毛芽腫（良性），**図1-8**は扁平上皮癌（悪性）とそれぞれ確定診断された腫瘍である。当然のことながら，肉眼像による腫瘍の良性・悪性の確定診断は不可能である。ちょっとしたイボのような腫瘍が実は悪性腫瘍だったりすることもあると認識すべきである。

ただし，腫瘍の種類によっては特徴的な肉眼像を呈することもあり，慣れてくるとある程度の予測を立てることが可能となる場合もある。経験の浅い臨床医などはとくに，自分の目を訓練する意

1. 診断の重要性

図1-5 パグに発生した多発性肥満細胞腫
基本的には悪性と考えて対処すべきであるが、良性に近い挙動を示すことも多い。

図1-6 老齢のマルチーズの足根部にみられた皮脂腺上皮腫
まれにリンパ節転移を起こすことが知られている。

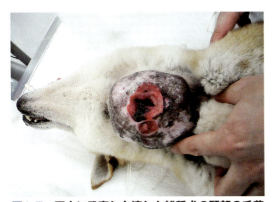

図1-7 巨大に発育し自壊した雑種犬の頸部の毛芽腫
腫瘍は境界明瞭で完全切除が可能であった。

図1-8 猫の眼瞼の扁平上皮癌
当初外傷として治療されていた。

味でも、たかが皮膚腫瘤と考えず、その肉眼像から診断名を常に予測し、答え合わせ（細胞診や病理組織学的検査結果との照らし合わせ）をすると良いだろう。

しかし、このような訓練をしたことのない臨床医は、おそらくあてずっぽうに予測を口にすることすらままならないのではなかろうか。それはそもそも「腫瘍の名前」を覚えていないからである。皮膚腫瘤というれっきとしたプロブレムに対する鑑別診断リストとして、まずは腫瘍の種類（診断名）を頭に入れておく必要がある。例として**表1-1**に代表的な皮膚腫瘍を挙げるが、これもご

く一部に過ぎない。**図1-9**に示すとおり、皮膚の主要な構造物としては、表皮、真皮、皮下組織（脂肪組織）に加え、表皮から連続して真皮深層へ入り込む毛包、皮脂腺、アポクリン汗腺といった皮膚付属器が存在する。さらに真皮の間葉組織は、線維性結合組織と線維芽細胞、血管、リンパ管、末梢神経などで構成され、そこにはリンパ球や肥満細胞などの血球系細胞も存在している。表皮は基底層、有棘層、顆粒層、角質層からなり、メラノサイトやランゲルハンス細胞などが散在する。皮膚には、これらの分化傾向を有するそれぞれの細胞に由来するきわめて多彩な腫瘍が発生す

表1-1　代表的な皮膚腫瘍の例

主に皮膚浅層に発生するもの	主に皮膚深層に発生するもの
皮膚組織球腫	毛母腫
肥満細胞腫	アポクリン腺癌
形質細胞腫	線維腫，線維肉腫
皮膚リンパ腫	注射部位肉腫
メラノーマ	血管周皮腫（血管周囲壁腫瘍）
扁平上皮癌	血管肉腫
毛芽腫（基底細胞腫）	脂肪腫
漏斗部角化棘細胞腫	
皮脂腺腫，皮脂腺上皮腫	
肛門周囲腺腫	

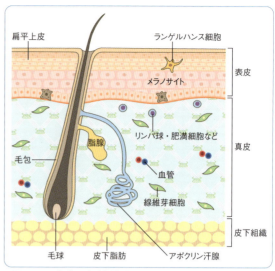

図1-9　皮膚の組織構造と各種細胞の分布
正常な細胞分布や組織構造を知ることで，腫瘍の分類や発生する深さを理解する。

る可能性がある。飼い主にとってはどれもこれも「皮膚のできもの」として受診の理由となるわけであるが，もちろんそれぞれの腫瘍は挙動や予後の点で異なる特徴を有するため，正しく診断し，治療方針を検討するようにしたい。

なお，表皮および真皮浅層に発生する狭義の「皮膚腫瘍」と，皮下および真皮深層に発生する「皮下腫瘍」とを細分することは，鑑別診断を絞り込むヒントとして活用できる。皮膚の組織構造を思い起こし，由来となる細胞の正常な分布を考えることで，それぞれの体表腫瘤が皮膚および皮下のいずれの特徴をもって発生するか，理解の助けになる。主な「皮膚腫瘍」としては，表皮，皮脂腺，肛門周囲腺，毛包の浅部などに由来する上皮系腫瘍，またはメラノーマ，皮膚組織球腫，肥満細胞腫，皮膚リンパ腫などが挙げられる。これらは表皮との固着または連続性が触診または視診にて確認され，カリフラワー状や有茎状，ドーム状など皮膚表面に向かって増殖傾向を示し，脱毛や潰瘍化などの特徴がしばしば認められる（**図1-10**）。一方で，深部に発生する「皮下腫瘤」は表皮との固着性に乏しく，小さな腫瘤であれば皮膚表面からは視認または触知しにくいことも少なくない（**図1-11**）。代表的な病変としては，毛包の深部や汗腺由来の上皮系腫瘍，脂肪腫，各種の肉腫（非上皮系悪性腫瘍），皮下肥満細胞腫などが挙げられる。逆に深部方向への固着性および可動性の低下は，一般に浸潤性の腫瘍，すなわち悪性を示す触診所見と考えられる。このように，肉眼所見だけでなく，触診によって病変の深さや固着性を評価し，さらには腫瘍のサイズや成長速度，品種や発生部位，その他の特徴なども加味して，腫瘍の由来や良性・悪性をある程度推測することで，皮膚腫瘍に含まれる莫大な鑑別診断リストを少しずつ絞り込むことが可能となる。

詳細は皮膚科テキストの腫瘍の項目または腫瘍学のテキストなどを参照して，各腫瘍の肉眼的特徴や疫学情報などを把握しておくことをお勧めす

図1-10　脱毛と潰瘍および出血をともなう皮膚腫瘤
形質細胞腫と診断された。

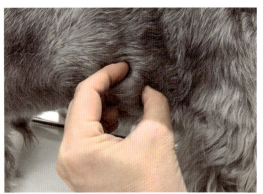

図1-11　皮膚表面から確認しにくい皮下腫瘤
アポクリン腺癌と診断された。

る。ここで，肉眼所見から鑑別診断リストを挙げる作業に役立つ1冊の参考書を推奨したい。皮膚の腫瘍性疾患（結節性疾患）の鑑別診断リストとして利用できる，よく網羅された項目建てとなっており，非常に綺麗な肉眼病変のカラー写真が多数掲載されている。本書第4章『犬と猫の皮膚腫瘤細胞診アトラス』（p.180）と併用することによって，肉眼所見と細胞診所見の両面から鑑別診断を絞る手助けとして大いに役立ってくれるはずである。

推奨図書

Hnilica, K. A.（2013）：疾患別治療ガイド　小動物の皮膚病カラーアトラス　-犬・猫・エキゾチックアニマル-，岩崎利郎監訳，株式会社インターズー．

【原書】

Hnilica, K. A. (2010): Small Animal Dermatology: A Color Atlas and Therapeutic Guide, 3rd ed., Saunders.

【最新版】

Hnilica, K. A., Patterson, A. P. (2016): Small Animal Dermatology: A Color Atlas and Therapeutic Guide, 4th ed., Saunders.

正解は……「まずは細胞診」

皮膚腫瘤をみつけたら，それがいかに小さなものであろうと，はたまた大きなものであろうと，「とりあえず手術で取ってみる」ではなく「まずは細胞を採ってみる」ことをお勧めしたい。いわゆる細胞診である。この検査は動物に大きな侵襲を与えることなく，その腫瘤が良性腫瘍（図1-12）なのか悪性腫瘍（図1-13）なのか，腫瘍ではなく炎症（図1-14）なのか，腫瘍であればその由来はどこなのか，それらをある程度区別することが可能となるため，初期の治療方針の決定には欠かすことのできない検査のひとつといって良い。今回対象としている皮膚腫瘤は，細胞を採取するために鎮静処置や全身麻酔，さらには特殊な器具や技術を必要とせずに済む場合が多い。注射針，シリンジ，スライドグラス，染色液，そして顕微鏡という，どの動物病院にもある器具（図1-15）だけで即実施が可能な，簡便かつ非常に優れた検査法である。

実際の細胞診の方法や結果の解釈などに関しては第3章『手技』（p.144）および第4章『犬と猫

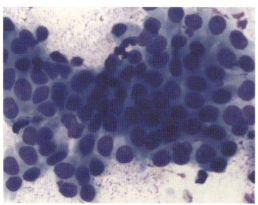

図1-12　上皮系良性腫瘍の細胞診所見
「粒の揃った」細胞集塊が認められる。

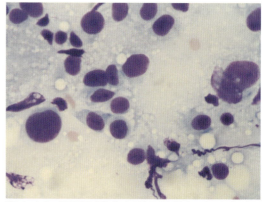

図1-13　間葉系（非上皮系）悪性腫瘍の細胞診所見
核の大小不同などの異型性が認められる。

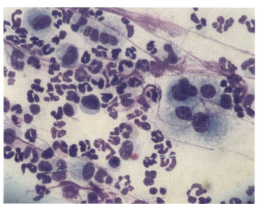

図1-14　慢性活動型化膿性炎症の細胞診所見
細胞診の評価は、まず腫瘍と炎症とを区別するところから始めたい。

図1-15　細胞診の実施に必要な器具の1例
安価かつ容易に実施可能である。

の皮膚腫瘍細胞診アトラス』（p.180）に後述するが、ここでは、獣医皮膚科専門書として、細胞診の手技についてひとつだけ注意点をお伝えしておきたい。細胞診は、一部の例外を除いて、必ずFNA（細針吸引生検）またはFNB（吸引をともなわない細針生検）を実施することをお勧めする。つまり獣医皮膚科診療でよく実施されるスタンプ（押捺）ではなく、腫瘍内部に針を刺して細胞を採るべきである。とくに自壊した体表腫瘍などでは、表面の潰瘍部分のスタンプを採って満足しがちかもしれないが、この方法では本来腫瘍性病変であっても、表面の炎症部分だけが採取され、腫瘍本体の細胞が採取されず、炎症性病変と誤診される危険性がある（図1-16）。病変が腫瘍を形成しているのであれば、必ず深部（腫瘍の実質）から細胞を採取して評価すべきである。そして、深部からの標本採取に適しているのは、やはり針による穿刺といえるであろう。

筆者が実際に皮膚腫瘍症例に遭遇した際には、まずはシグナルメントや肉眼的特徴による鑑別診断を考えたのち、細胞診による仮診断から、外科的切除の適否について考える場合が多い。切除してしまえば根治が期待できるものなのか（例：小さな良性腫瘍）、外科手術のほかに補助治療が必

1. 診断の重要性

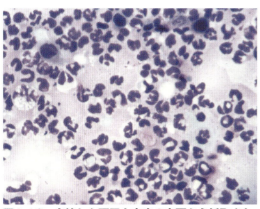

図1-16 自壊した扁平上皮癌の表面から採取されたスタンプ標本
炎症細胞が多く腫瘍細胞が目立たない。

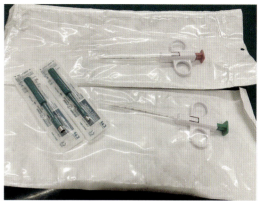

図1-17 術前の組織生検に用いられる器具の例
パンチ生検に用いる生検トレパンとコアニードル生検に用いるバイオプシーニードル。

要となりそうなのか（例：巨大な腫瘍，転移性の強い悪性腫瘍）。手術で切除するとすれば最小限のマージンで良いのか（例：良性腫瘍），それとも大がかりな外科手術そして術後管理が予想されるのか（例：浸潤性の高い悪性腫瘍）。そもそも本当に急いで切除する必要があるのか（例：悪性腫瘍），少し「様子をみて」もよさそうなものなのか（例：毛包嚢胞／表皮嚢胞や良性腫瘍），それとも手術以外に最適な治療法はないのか（例：皮膚リンパ腫）。簡単な細胞診の結果が手元にあるだけで，前述したような「とりあえず取ってみましょう」というアプローチよりも，はるかに根拠のある状況判断そして状況予測が可能となる。このことにより飼い主への説明にも説得力が増し，スムーズなインフォームドコンセントの実現やトラブルの回避が可能となるものと思われる。

慎重さを求められるとき

細胞診は，皮膚腫瘍の治療方針や手術プランの決定，またはインフォームドコンセントのための情報を提供してくれる簡便かつ優れた検査法であるが，あくまで仮診断のためのツールにとどまることが多く，一部の例外を除いて確定診断に至ることは多くない。理想的には組織生検による病理診断のほうが，腫瘍の悪性度（組織学的グレード分類）や浸潤性を適切に評価するためのより良い判断材料となる（**図1-17**）。

腫瘍を疑って何度細胞診を実施しても炎症細胞しか採れず，本当に腫瘍でないのか不安なときなどが典型的な組織生検の適応である。また，悪性腫瘍が疑われ，やむを得ず重大な後遺症や合併症をともなう治療（例：断脚術，眼球摘出術など）の実施を検討する際に，簡単な細胞診の結果だけで結論づけることは，できれば避けたく，病理組織学的検査の結果をもとに診断を確定してからインフォームドコンセントに臨みたい。犬の肥満細胞腫や軟部組織肉腫など，腫瘍によっては組織学的な悪性度の基準（グレード分類）が定められており，外科治療における切除範囲や治療方針の決定に大きな影響を与えるため，事前の評価が重要となるものもある。

生検の方法に関しては，何も腫瘍だからといって難しく考える必要はない。皮膚科診療における

15

生検法としてパンチ生検がお馴染みであるが，実は皮膚腫瘍のように厚みのある病変の病理組織診断においてもパンチ生検は十分に威力を発揮する優れた採材方法であり，コアニードル生検よりも多くの組織が採取できるなどの利点を有している。

　ただしパンチ生検にも欠点がある。なかでも，大きなサイズの皮膚腫瘍に対して，深い部位からの採材ができないという点が，時に問題となることがある。大きな腫瘍では，炎症や壊死などが入り混じり，採材部分が腫瘍の代表的な組織像を呈していない可能性があるなどの理由から，パンチ生検材料だけでは診断がつかないことがある。そのような場合に備え，筆者はとくに大きな皮膚腫瘍に対しては，パンチ生検とコアニードル生検を併用することもある。組織生検に関する手技の実際については第3章2節『組織生検のテクニック』（p.148）を参照されたい。

Key Point

皮膚腫瘍をみつけたら

× 「様子をみましょう」
× 「とりあえず取ってみましょう」

◎ 鑑別診断を絞り
◎ まずは細胞診

Column
細胞診を検査会社へ送る前に　～丸投げ禁止令～

　皮膚腫瘍をみつけて細胞診標本を作成したとする。次に必ず行うべきなのは，作成した標本を自分の目で鏡検することである。

　なかには，細胞診に苦手意識をもっていて，自分では一切確認せずにそのまま検査会社へ提出される臨床医もいるようである。確かに常に病理医の正確なコメントを参考にすることは非常に重要ではあるが，結果が出るまで少なからず時間がかかることは避けられない。腫瘍の診断治療に際しては時として迅速な対応を求められるため，この点は委託検査の重大な欠点となり得る。

　比較的解釈が容易な検査結果であれば，採ったその場で仮診断を下せるのが理想的であり，初期の治療方針決定のための迅速な仮診断を可能とするところこそが細胞診の最大の利点と考えられる。とはいえ，自分の目でどうしても診断が困難な場合もあるだろうし，その際に病理医の判断を参考にするのは賢明だと思われる。しかし，採った細胞を自分で一切みることなく病理医へ直行させていたのでは，いつまでたっても簡単な仮診断すら自分でつけられるようにはならないだろう。

　病理組織学的検査とは異なり，細胞診では特殊な場合を除いて確定診断を下すことはできないことも念頭に置く必要はあるものの，そのあたりの限界を十分にインフォームした上で，自分自身で勇気と責任を持って仮診断できるようになってもらいたい（ただし，状況が許す限り常に経験豊富な病理医からのコメントを得ることは非常に重要であり，理想的なアプローチ方法であることはもう一度強調しておきたい）。細胞をみる自信がつくまでの間は，自分の目でみた上で，検査会社へ提出して，お互いの診断を比較する，いわゆる答え合わせ方式の訓練が有効となるだろう。

　作成直後の標本を自分自身で鏡検することの意義はもうひとつある。たとえ検査会社に提出するとしても，そもそもその標本から正しい診断が下せるかどうか，標本のクオリティーを最低限チェックしておくためである。針を刺して採ったは良いが血液しか採れていないなんてことはないだろうか？塗抹を強く引きすぎて細胞が壊れてしまっていないだろうか？きれいに細胞が染色されているだろうか？塗抹は厚すぎず薄すぎず細胞形態の適切な評価が可能だろうか？病理医も神様ではないので，大して染まってもいない，なけなしの細胞からでは仮診断すら困難な場合も当然あるだろう。このようなテクニカルエラーが原因で「評価できません」との病理結果が返ってきてしまうと，飼い主に対して気まずい思いをするハメになる。

2. 外科治療の考え方

　獣医療の進歩はめざましく，今や腫瘍に対する治療方法の選択肢は免疫療法や分子標的治療など多岐にわたる。それでも，治療オプションのメインは外科治療，化学療法，放射線治療の3本柱であることに，今もなお大きな変わりはない。

　これら3大療法のうち「『できもの』があるなら切って取れば良い」というスタンスの外科治療は，「最も原始的」といったら言葉は悪いが，間違いなく最もシンプルな考え方であるといえる。とはいえ，皮膚腫瘍の治療戦略において，あるいはほかの固形癌においても，その適応さえ間違えなければ最も確実で効果の高い治療法となり得ることは明白である。その一方で，外科治療とは腫瘍ならびにその周辺の正常組織を一括して切り取る行為であることから，程度の差こそあれ，症例に形態面や機能面での犠牲を強いる結果となることがある。切除の範囲が広ければ広いほど，切除後の創閉鎖に難渋したり（**図1-18**），機能的な後遺症が残るリスクが高くなる（**図1-19**）。かといって，そのような心配から中途半端な切除を行った場合，再発の可能性が残ってしまう。そして再発後の腫瘍の治療は初発時よりも困難となることが多いのは前項でお伝えしたとおりである。

一体どこまで取れば良いのか？

　多くの皮膚腫瘍症例は，目に見える，または触ってわかる腫瘍を発見した飼い主によって「できものがあるんですけど…」といって病院に連れて来られる。ソフトボール大になるまで自宅で様子を見ていたという飼い主もいれば，身体をなでているときに，一見してわからないような米粒ほどの小さな皮下腫瘤を偶然発見して，慌てて来院する飼い主もいることだろう。

　腫瘍が小さいからといって，検査や治療を後回しにすべきでないことはすでにお伝えしたとおりである。そして外科手術が選択された場合でも，腫瘍が小さければ手術が簡単に済むかというと必ずしもそうとは限らない。たとえ米粒大の腫瘍であったとしても，悪性度の高い腫瘍が疑われるのであれば，直径5〜6cmというように十分大きく切除したほうが再発リスクを低く抑えることができることもある。視診や触診で認識された腫瘍が腫瘍組織のすべてだとは決して考えないほうが良い。認識し得る腫瘍の周囲にも細胞レベルで腫瘍が存在する可能性があるものとみなして対処するのが基本である。

　とはいえ，すべての皮膚腫瘍に対して広範囲な切除が必要になるかといえば，もちろんそうとは限らないのも事実である。とくに発生部位により切除範囲に大きな制約を受ける（例：四肢，顔面など）腫瘍に関しては，小さな切除で済むに越したことはない。多くの良性腫瘍では，たとえ認識された腫瘍ギリギリのラインで切除したとしても，再発するケースは多くない（**図1-20**）。再発リスクを大きく左右するのは腫瘍の「浸潤性」である。細胞診から得られた腫瘍の種類や悪性度に関する情報は，その浸潤性の推測をある程度可能とすることから，視診や触診，画像診断などによる腫瘍の大きさや固着の程度に関する直接的な判断材料とともに，切除範囲の決定において非常に重要である。例えば，比較的大きな腫瘍であっ

2. 外科治療の考え方

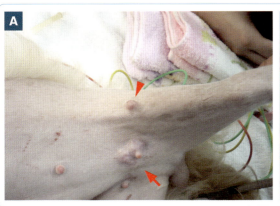 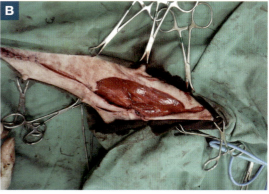

図1-18 切除後の創閉鎖に難渋した症例
A：犬の第5乳腺部腫瘍（矢印）と側腹ヒダ外側に発生した肥満細胞腫（矢頭）。
B：Aの併発腫瘍に対して片側乳腺摘出と肥満細胞腫の広範囲切除を同時に実施。ともに完全切除と病理診断されたが，術創の閉鎖に難渋した。

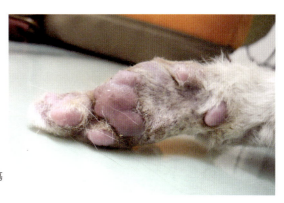

図1-19 断指術後の猫の肢端
もちろん失われた指の機能は戻ることはないものの，腫瘍は完全切除され，歩行機能に障害は残らなかった。

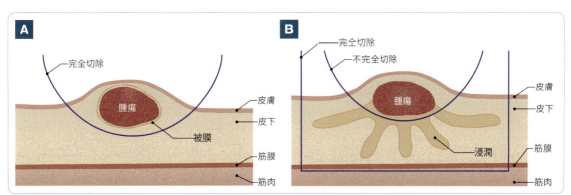

図1-20 良性腫瘍と悪性腫瘍の切除法の違い
A：良性腫瘍は被包化されていることが多く，最低限の切除でも取り残すことは少ない。
B：悪性腫瘍は細胞レベルで周囲へ浸潤することが多いため，肉眼レベルで認識可能な腫瘍のみの切除では取り残しを生じる可能性がある。完全切除を期待するには広く深く切る必要がある。

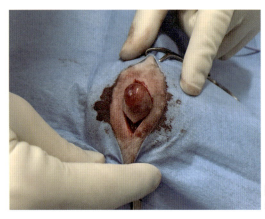

図1-21 犬の頭部に発生した毛芽腫
最小限のマージンで完全切除が達成された。

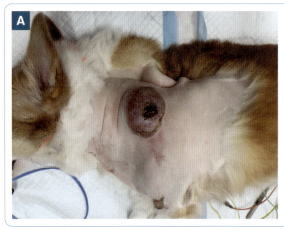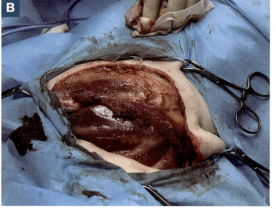

図1-22 肩甲部に発生した軟部組織肉腫
3cmの水平マージンと，深部マージンとして僧帽筋と肩甲横突筋の一部を切除した。

ても，臨床所見や細胞診から良性腫瘍が強く疑われる腫瘤に対しては，最小限の切除範囲でも十分である可能性が高く（図1-21），逆にさほど大きくなく深部固着もない皮膚腫瘤であったとしても，悪性度が高く強い浸潤性が予想される腫瘍であれば，より慎重な手術計画を練る必要がある（図1-22）。

腫瘍の外科切除にあたってはサージカルマージン（切除縁）という概念が重要となる。切除縁，すなわち「腫瘍を切除する際にメスが通る外科的切断面」に腫瘍細胞が含まれないよう，腫瘍を正常組織で包み込むような一括切除を心がける必要がある。いい換えれば，認識し得る腫瘍組織の辺縁から十分な余裕をもって切除することにより，細胞レベルの取り残しを避けることが可能となる。マージンの検討にあたっては常に3次元的な腫瘍の拡がりを考慮する必要があり，水平方向と深部方向のそれぞれについて，どこまで切除する

Memo
切除縁ことはじめ

本邦の人医療において切除縁の概念が定着したきっかけは，1989年に日本整形外科学会骨軟部腫瘍委員会による「骨・軟部肉腫切除縁評価法」が公表されたことであったとされている。その中では切除縁を腫瘍内切除縁，辺縁切除縁，広範切除縁，治癒的切除縁という4段階に分類している（図1）。

治癒的（根治的）切除縁とは，腫瘍反応層※の周囲に5 cm以上の健常組織が存在するか，または健常組織の外側にさらに筋膜，腹膜，関節包など腫瘍の浸潤に抵抗し得る組織バリアが存在する場合を指す。反応層がバリアに接している場合は，関節包などの厚いバリアは3 cm，筋膜などの薄いバリアは2 cm，関節軟骨は5 cmに相当するものと換算してさらに周囲の健常組織を切除する必要がある。広範（広範囲）切除縁とは反応層の周囲に健常組織が存在するが5 cm未満である場合を指す。悪性腫瘍の切除においては一般に広範囲切除以上を目指すべきである。一方で，辺縁（腫瘍辺縁部）切除縁とは反応層を通過した場合を指し，細胞レベルで浸潤した腫瘍の中を取り残す危険性がある。腫瘍内切除縁はその名のとおり腫瘍内部に切り込んだ場合を指し，もちろん腫瘍の残存は免れない。

獣医学領域でも，悪性腫瘍に対する外科切除の際にはこのような定義に従って，少なくとも広範囲切除または根治的切除を目指すべきであると考えられるが，小動物について5 cmという基準をクリアすることは多くの場合において困難であろう。一般的には犬の皮膚肥満細胞腫に対して推奨されてきた「水平方向2～3 cmかつ深部方向として筋膜まで」がマージンの目標とされることが多い。そこには，グレード1または2の皮膚肥満細胞腫に対して水平方向については2 cmマージンで100%の完全切除を達成したとするSimpsonらの報告（2004）や，2 cmマージンで89%の完全切除率かつ深部マージンに関して筋膜を越えて浸潤していたものはなかったとするFulcherらの報告（2006）が根拠として取り上げられることが多い。ただし本文で解説したとおり，近年では犬の皮膚肥満細胞腫に対する切除範囲の新たな考え方も提唱されている。

なお，断脚術のような，腫瘍が存在している解剖学的区画を一括全切除する方法を「根治的切除」と表現することもあり，ここで解説した「根治的切除縁」とはやや意味が異なるため，混同しないようにする必要があるだろう。

※反応層とは，急速増大する腫瘍により圧迫されて形成される膜様構造である偽被膜と，その周囲の出血，変性，浮腫，炎症などを起こした主に肉眼的な変色をともなう領域を指し，細胞レベルの腫瘍浸潤がみられることが多い。

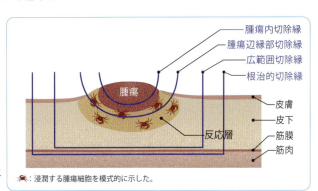

図1　切除縁の分類
（日本小動物医療センター　廉澤剛先生のご厚意により改変して引用）

べきか検討する。獣医学領域での一般的な体表の悪性腫瘍の切除に際しては、側方マージン2～3cmに加え、深部マージンは筋膜などのバリアをともなって切除するのが妥当であると考えられている。水平方向へ2～3cmのマージンが必要なのであれば、深部方向へも2～3cmの範囲で切除が必要と考えたくなるところだが、一般的に考えると、深さ3cmという大穴を掘ることに耐えられる部位は多くない。幸い筋膜、関節包、骨膜、血管外膜などの組織は、皮下組織などの疎性結合組織に比べて、腫瘍細胞の浸潤を容易に許すことがないとされている。そこで、これらの組織をバリアとして利用し、深部のマージンとする概念が適用できる（前ページ、Memo『切除縁ことはじめ』参照）。

ただし、腫瘍の性格によっては一般論とは異なる対応を考慮する場合もある。例えば猫の注射部位肉腫のように浸潤性が非常に高い"極悪な"腫瘍については5cm以上の側方マージンに加えて筋膜2枚以上の深部マージンなどと設定することもあるし、逆に低グレードの軟部組織肉腫では側方マージンは1cm程度とされることもある。また、近年では犬の小型の皮膚肥満細胞腫に対して、比例マージン（proportional margin）とよばれる、腫瘍最長径と同じだけの長さ（上限4cmまたは2cm）を側方マージンとして切除する方法も提唱され、とくに低グレードの腫瘍に対して良好な成績が報告されている。切除手術に関する手技の実際については第3章3節『切除と創閉鎖のテクニック』（p.152）を参照されたい。

本当に取りきれるのか？

外科治療単独で根治を狙うのであれば、もちろん完全切除が必要となる。つまり、その腫瘍組織のすべてを手術で物理的に取りきれるのかどうか、術前に検討しなくてはならない。そのためには、どこまで切れば完全切除が可能なのかを予測して、切除範囲を決定することから始める必要がある。このプロセスはとくに浸潤性の高い悪性腫瘍では慎重に行う必要がある。そのような観点から、術前に腫瘍の悪性度もしくは浸潤性を推測する手段として、少なくとも細胞診、さらに可能であれば病理組織学的検査が、有用かつ「必須」といっても過言ではない。そして、もし腫瘍を完全切除することによって、生命の維持にかかわる機能損失や容認し得ない機能または形態の損失が避けられない状況が予測されるのであれば、現実的には根治外科治療は不適応ということになる。その場合、根治を目指すには外科治療以外の方法を選択する、あるいは外科治療とほかの治療法を併用する必要が生じる。

側方マージンの決定で問題となりがちなのは、大きな面積の皮膚を切除したとして、その皮膚欠損を閉鎖することができるのかどうかである。そして深部マージンの問題点は、深部組織への浸潤を考慮して、どこまで深く取らなくてはならないかである。浸潤性の高い悪性腫瘍であれば、断指術（図1-23）、断脚術、断尾術、眼球摘出術（図1-24）、下顎切除術、肋骨切除術、陰茎切除術など、腫瘍を完全に切除するためには時に大きな代償を払う覚悟も必要となる。このような重大な決断を下す前には、確実な診断と十分なインフォームドコンセントが必要となる。

深部方向への浸潤性の評価において、決して正確性は高くないかもしれないが、簡便かつ有用な方法のひとつとして触診が挙げられる。一般に腫瘤が表皮や真皮に限局しており可動性が高いものに関しては、比較的病変の境界が明瞭で完全切除が容易であることも多い（図1-25）。一方、腫瘤

2. 外科治療の考え方

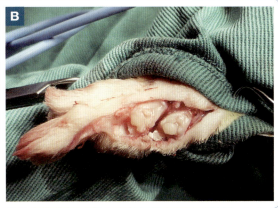

図1-23　断指術を実施した症例
A：指骨の骨変形と潰瘍化（矢頭）をともなう雑種猫の指端の扁平上皮癌。
B：断指術により完全切除が達成された。

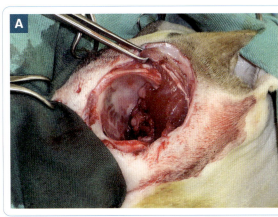

図1-24　眼球摘出術を実施した症例
A：雑種猫の眼球摘出術（眼窩内容切除術）ならびに頬骨と側頭骨の部分的な骨切除術。
B：Aの閉創後。この猫は眼窩内への浸潤を疑わせる眼瞼の扁平上皮癌の症例であった。

が深部に固着している様子が触知された場合には（図1-26）、その腫瘍を完全切除するためには、より深いサージカルマージンが必要と考えるべきである。深部バリアとなる筋膜に達していない腫瘍に対しては、少なくとも筋膜まで切除することにより根治的切除が期待できるが（図1-27A）、筋膜に接している、または固着している腫瘍の場合には、原則として筋膜下の健常な筋肉まである程度の厚さをもって切除する必要がある（図1-27B）。

とくに深部固着が触知された場合や、細胞診または組織生検にて局所浸潤性の高い悪性腫瘍が疑われた際には、その浸潤の度合いを各種追加検査にて評価することが望ましい。腫瘍の浸潤度を把握するための客観的な手段としてとくに画像診断が有用である。頭部や四肢遠位、胸壁など体表か

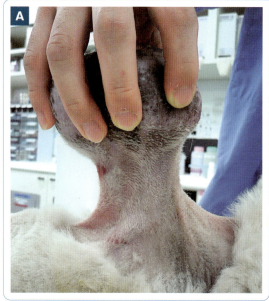

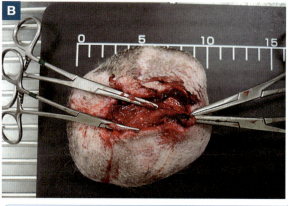

図1-25　中型犬の頸部に生じた巨大な皮膚腫瘤
A：深部固着のない有茎状の巨大な皮膚腫瘍の外観。
B：完全切除が容易に達成され，病理組織学的には良性の毛芽腫と診断された。

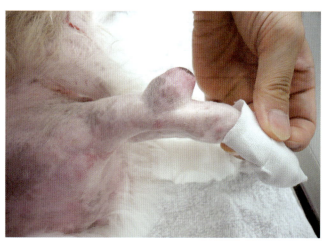

図1-26　シー・ズーの前腕部に生じた深部固着性の血管周皮腫
前腕筋膜1枚とともに一括切除を実施し病理組織学的に完全切除が確認された。

ら深部の骨までの距離が近い部位に発生した腫瘍ではX線検査にて骨浸潤などの様子を評価できることがある（**図1-28**）。CT検査は骨の評価という点でさらに精度の高い情報を提供してくれるほか，造影剤の静脈内投与と組み合わせることによって，軟部組織における腫瘍の拡がりをも確認できる場合がある（**図1-29**）。さらにMRI検査はCT検査よりも軟部組織の分解能が高く，詳細な評価に役立つ可能性がある。

2. 外科治療の考え方

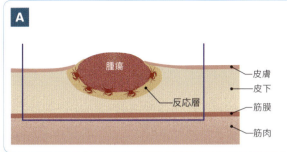

図1-27　深部マージンの原則
A：腫瘍が筋膜（バリア）に接していない場合の根治的切除縁。
B：腫瘍が筋膜（バリア）に接している場合の根治的切除縁。

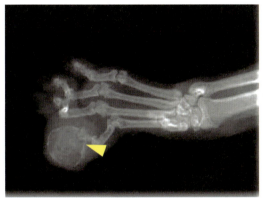

図1-28　図1-23の症例のX線画像
指骨の一部に変形（矢頭）が認められる。

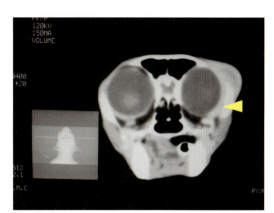

図1-29　図1-24の症例のCT画像
扁平上皮癌の眼窩への浸潤（矢頭）が示唆された。

切ったは良いが閉じられるのか？

　前述したとおり，完全切除さえ可能であれば，外科治療は腫瘍の治療法として非常に効果的である。しかし，広範囲切除を実施するにあたっては，その切った創を果たして閉じることができるのか？という問題が常につきまとう。皮膚腫瘍を切除するため，ひとたび皮膚にメスを入れれば，その創は皮膚の張力に従って開こう開こうとする。腫瘍の切除にはマージンに余裕をもつ必要があるとお伝えしたばかりだが，そのようにしてただでさえ大き目に切った創が，張力によってさらに驚くほど大きくなることもしばしばである。時には術前の閉創プランをあざ笑うかのように思いのほか巨大に拡がった皮膚欠損を前に暗い気持ちにさせられることさえある（図1-30A）。

　しかし，ここでお伝えしたいのは「大きく取るのは良いが，せめて閉じられる程度にしておきなさい」ということでは決してない。むしろ切除に際して遠慮は禁物である。のちのち創を閉鎖することが可能かどうかを過剰に心配しながら切除すれば，マージンの余裕を失い，悪い結果をもたらす可能性が高くなる。腫瘍，とくに悪性腫瘍は基本的に取り残してはならないのである。時には「創が閉じなくなっても良いから思う存分取る」とい

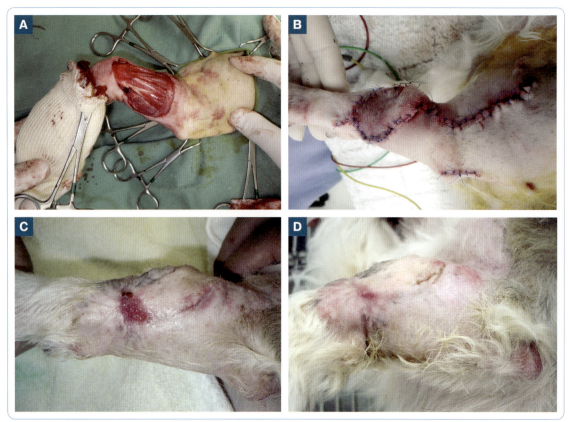

図1-30　前腕部の軟部組織肉腫を切除した症例
A：切除後の皮膚欠損。病理組織学的検査により完全切除が確認されたが，術創の閉鎖に難渋した。
B：Aの皮膚欠損に対し浅上腕動脈皮弁を用いて閉鎖したが，皮弁先端はすでに良好とはいえない色調を呈している。後に，皮弁先端約1/3が血行不良により脱落した。
C：Bの皮弁が部分的に脱落した約2週間後の二期癒合過程。良好な肉芽形成ならびに収縮と上皮化による創の縮小が認められる。
D：Cの約2週間後。収縮ならびに上皮化により皮膚欠損は完全に閉鎖した。

う豪快な判断が正解となるケースもある。もちろん，切除の前に入念に計画を練って，予想される皮膚欠損をなんとかして閉鎖するためのプランを考えることは非常に大事である。しかし，手術はいつでも予想どおりに進むとは限らず，むしろ意外なトラブルの連続であることも少なくない。術前のプランに固執しすぎると，そのつじつまを合わせるために心のどこかで切除を妥協してしまい，結果として再発を許してしまうことになりかねない。「それ（切除外科）はそれ，これ（再建外科）はこれ」の精神で，閉じられるかどうかは切ってから考えても大抵の場合は何とかなってしまうものである。

もちろん皮弁などを用いてスマートに皮膚欠損を閉鎖できればベストだが，そのためには皮膚形成外科の技術をある程度習熟する必要があり，誰でも簡単にできるわけではないだろう（**図1-30B**）。技術的あるいは部位的にそれが難しい場合には，皮膚欠損の周囲にメッシュ状の切開を入れて減張させるだけでも，多くの創に対応で

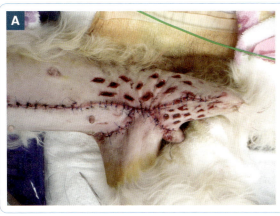 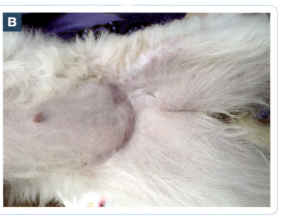

図1-31 切除後の創閉鎖に難渋した症例
A：図1-18の切除後，皮膚欠損の閉鎖にメッシュ状の減張切開を適用して縫合した。
B：Aの約1カ月後。一時，縫合創のごく一部に軽度の裂開がみられたものの概ね良好に治癒した。

きる（**図1-31**）。それでも難しいなら最終手段として「二期癒合」が残っている。自己治癒力をあなどるなかれ，ほとんどの創は縫合などせずとも，時間とともに縮んでいき最終的には閉鎖してくれる（**図1-30C, D**）。ここでわれわれにすべきことがあるとすれば，それは主に「正常な創傷治癒過程を邪魔しないこと」であるという認識がまず重要であり，そのための正しい創傷管理を心がける必要がある。創閉鎖に関する手技の実際については第3章3節『切除と創閉鎖のテクニック』（p.152）を参照されたい。

3. 治療前にしておくべきこと（ステージング）

前項では，皮膚腫瘍に対する1つの治療法としてまず外科治療を取り上げた。外科治療開始の前に腫瘍の悪性度または浸潤性を見極めて，とくに悪性腫瘍に対しては遠慮せずに大きく切って取ることについてお伝えした。しかし，果たしてその腫瘍はそもそも本当に外科治療の適応なのだろうか？順番が前後してしまったが，ここではそんな話をしていきたい。

取ってもムダにはならないか

皮膚腫瘍を見つけた際に，それが無理なく完全切除可能と推測されるのであれば，確かに外科治療は最も確実な治療法といえる。ただし目の前の腫瘍にとらわれて慌てて切除したは良いが，実はすでにほかの部位に遠隔転移していたなどという

見逃しがあってはならない。遠隔転移が起こった時点で，もはや外科治療のような局所療法のみで根治を期待するのは困難となる。たかが皮膚腫瘍とはいえ，遠隔転移が認められたならば治療方針も飼い主への説明も全く異なってくるのである。その腫瘍は外科治療によって根治が見込めるのか否か，術前に把握しておくことが重要である。

皮膚腫瘍は目で見ることや手で触ることができるため発見は容易だが，内部臓器の転移性病変となるとそうはいかない。体表リンパ節でさえ，常に身体検査でチェックする癖をしっかりとつけておかない限り，容易に転移を見逃す可能性がある。皮膚に限らず腫瘍，とくに悪性腫瘍を確定診断あるいは仮診断した際に，それまでの過程に自己満足してすぐに治療に入ってはいけない。その前に身体検査や血液検査，画像診断，場合によっては細胞診や病理組織学的検査などを駆使して，全身にどれだけの異常が生じているのか，腫瘍の病期（ステージ）がどれだけ進行しているのかを確認すべきである。このいわゆるステージングとよばれる行為は，治療方針や予後を決定する上での追加情報を与えてくれるという点で，欠かすことのできない非常に重要なステップといえる。

1980年にWHOが発表した動物のTNM分類そしてステージ分類は，今もなお動物の腫瘍科診療において良質の体系的な情報として利用することが可能である。TNM分類とは，悪性腫瘍をT（Tumor）＝腫瘍の大きさや浸潤度，N（lymph Nodes）＝リンパ節への転移の状態，M（Metastasis）＝遠隔転移の有無の3つのカテゴリーについてそれぞれ段階的に評価し，その組み合わせによって記述するシステムである（例：T3bN2M1の乳腺腫瘍，T2aN0M0の甲状腺癌など）。3つのカテゴリーにおける評価基準は，各臓器あるいは解剖学的部位によって異なり，それぞれ詳細な決まりごとがある。例として皮膚腫瘍のTNM分類の基準を**表1-2**に示したが，この基準はあくまで皮膚腫瘍にのみ適用されるものであり，例えば乳腺腫瘍や甲状腺腫瘍については各々また別の基準が定められている。そして腫瘍の種類によってはそれらのTNM分類に基づいてステージ分類が可能なものもあるが（例：犬のT3bN2M1の乳腺癌はステージⅣ，T2aN0M0の甲状腺癌はステージⅡなど），本書で取り上げる皮膚腫瘍に関しては適用できるステージ分類は定められていない（肥満細胞腫と皮膚リンパ腫には例外的に特殊なステージ分類を適用することが可能）。これらの分類は腫瘍の状態を記述するのに便利な方法ではあるが，必ずしも予後や治療方針の決定因子になるとは限らないため，そこまで厳密にこだわる必要もないかもしれない。

それでもこの分類システムの概念が非常に有用であることに変わりはない。すなわち悪性腫瘍の治療に入る前には，原発腫瘍（T）のサイズや浸潤度などを身体検査や画像診断によって把握する以外に，領域リンパ節（N）の状態や遠隔転移（M）の有無は必ず評価しておくべきである。

ともかく本書で最低限お伝えしたいのは，体系的なシステムに従って分類しなくてはダメですよ，ということではなく，皮膚腫瘍とはいえ広い視野で治療にあたる意識が必要だということである。われわれが治療の対象としているのは決して「皮膚腫瘍」のみにあらず，あくまで「動物」を治療しているということを忘れてはならない。

リンパ節転移を見逃すな

リンパ節転移を評価するにあたっては，全身のリンパの流れを考慮する必要がある。**表1-3**にWHOによって示されている病変部と領域リンパ

3. 治療前にしておくべきこと（ステージング）

表1-2　犬および猫の表皮または皮膚原発腫瘍（リンパ腫，肥満細胞腫を除く）のTNM分類

Tカテゴリー		Nカテゴリー		Mカテゴリー	
Tis	前浸潤癌	N0	領域リンパ節に異常は認められない	M0	遠隔転移は認められない
T0	腫瘍は認められない	N1	患側の領域リンパ節腫大かつ可動性	M1	遠隔転移が認められる（領域外のリンパ節転移も含む）
T1	最大直径が2cm未満で，かつ表在性または外方増殖性の腫瘍	N1a N1b	組織学的に腫瘍細胞なし 組織学的に腫瘍細胞あり		
T2	最大直径が2〜5cmの腫瘍，あるいは大きさに関係なく，最小限の浸潤をともなう	N2	対側または両側の領域リンパ節腫大かつ可動性		
T3	最大直径が5cm以上，あるいは大きさに関係なく，皮下に浸潤している腫瘍	N2a N2b	組織学的に腫瘍細胞なし 組織学的に腫瘍細胞あり		
T4	筋膜，骨または軟骨のような，ほかの構造に浸潤している腫瘍	N3	固着性の領域リンパ節		

節の関係を一部改変して記した。皮膚腫瘍の原発部位からリンパ行性に転移するとしたらどのようなルートをたどるのか理解しておくことは重要である（図1-32）。体表リンパ節の腫大の有無は触診にてチェックが可能であるが，深部または体腔内のリンパ節については触診が困難な場合が多く，画像診断が有用となる。とくに内腸骨リンパ節または腰下リンパ節群（図1-33）や内咽頭後リンパ節は体表リンパ節の「その先」のリンパ節として意義が大きく，これらを超音波検査にて描出できるよう訓練しておくことをお勧めする。

ここで注意しておかなければならないのは，リンパ管は炎症や外傷により新生しやすく，個々の症例で悪性腫瘍が転移する先は必ずしも領域リンパ節とは限らないということである。実際に腫瘍細胞が最初に流入する機能的なリンパ節をセンチネルリンパ節とよび，人医療ではリンパ節転移の診断や治療に重要な役割を果たしている。獣医学領域においても，リンパ管造影CTなどでセンチネルリンパ節を同定する試みが報告されることもあるが，たとえ二次診療施設であってもそこまでは行わないことも多いと聞いている。

さて，リンパ節腫大が検出されたなら（場合によっては腫大がなくても），それが腫瘍の転移によるものなのか，それとも過形成やリンパ節炎などによるものなのかを鑑別するため，可能な限り細胞診（FNAまたはFNB）を実施して細胞学的に評価するのが望ましい（図1-34）。また必要であればリンパ節の切除生検を考慮することもある。なお，ニキビダニ症やマラセチア皮膚炎などが，しばしば領域リンパ節の腫大をともなうことはご存知のとおりである。リンパ節を評価すること，そしてリンパのルートを知っておくことは，皮膚腫瘍のアプローチに重要なだけでなく，一般的な皮膚科診療にもきっと役立つことだろう。

表1-3 動物の皮膚腫瘍原発部位と対応する領域リンパ節

皮膚腫瘍原発部位	領域リンパ節
眼瞼，耳，鼻	下顎リンパ節，耳下腺リンパ節
顔面(眼瞼，耳，鼻を除く)，頭部，頸部	下顎リンパ節，耳下腺リンパ節，浅頸リンパ節
前肢	腋窩リンパ節，浅頸リンパ節
頭側体幹(臍より頭側)	腋窩リンパ節，浅頸リンパ節
尾側体幹(臍より尾側)	浅鼠径リンパ節
後肢	膝窩リンパ節，浅鼠径リンパ節

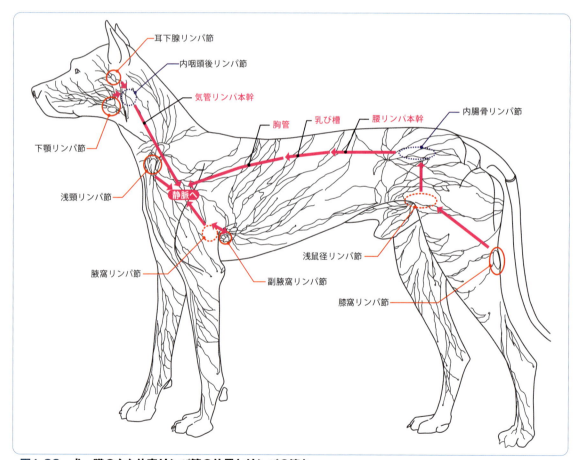

図1-32 犬・猫の主な体表リンパ節の位置とリンパの流れ

3. 治療前にしておくべきこと（ステージング）

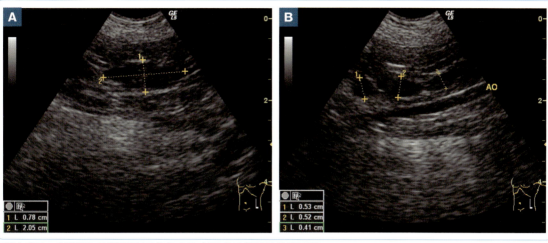

図1-33　会陰部に肥満細胞腫を有する小型犬の超音波検査画像
A：内腸骨リンパ節の軽度腫大が検出された。
B：同時に腰下リンパ節群の軽度腫大も確認された。

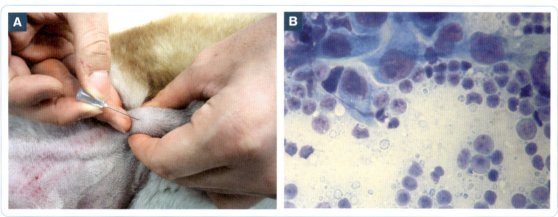

図1-34　腫大した浅頸リンパ節の評価
A：細胞診（FNB）を実施しているところ。
B：扁平上皮癌のリンパ節転移と診断した。リンパ節に通常あるべきでない細胞が存在するのは転移性腫瘍の所見である。

Column
リンパ領域（lymphosome）という概念

　p.30，**図1-32**に示すような，犬の体表のリンパ節とリンパ管についての古典的な局所解剖図は，Hermann Baumの著書「犬のリンパ系」（1918年，ドイツ）における記載が原図となり広く用いられてきたとされている。約100年の歳月を経た2013年，テキサス大学MDアンダーソンがんセンターの須網らがインドシアニングリーンを用いたリンパ管蛍光造影法により改めて犬の表在リンパ管をマッピングして，10のリンパ領域（lymphosome）とそれに対応する10のリンパ節群（lymphatic basin）を報告した（**図1**）。その結果の解釈として，100年前の解剖図と大きく異なるものではなかったとだけ解説されることが多いようである。

　ただしこの図によれば，腰背部，会陰部や肛門周囲，尾といった体表領域については，いわゆる体表リンパ節を経由することなく，直接腹腔または骨盤腔内に入って内腸骨リンパ節，下腹リンパ節，仙骨リンパ節に到達するリンパ流が存在することを再認識しておくべきと思われる。

　さらにこの新たな図を眺めて個人的に認識を改めたポイントとして，従来の浅頸リンパ節と思われる部位に，背側領域からのリンパ流と腹側領域からのリンパ流を受けるリンパ節がそれぞれ描かれており，別々のリンパ領域として記されていることが挙げられる。論文中では犬とヒトのリンパ領域の類似性についても触れられており，背側浅頸リンパ領域はヒトの後頸部リンパ領域に，腹側浅頸リンパ領域はヒトの鎖骨下リンパ領域に，それぞれ相当するかのように図示されているのも興味深い。確かに犬の浅頸リンパ節は浅頸動・静脈に沿って背側と腹側にやや離れて2つもしくはそれ以上存在することが多い。リンパ節の細胞診や切除生検にあたっては，厳密にはこの両者を区別して実施する必要があるのかもしれない。

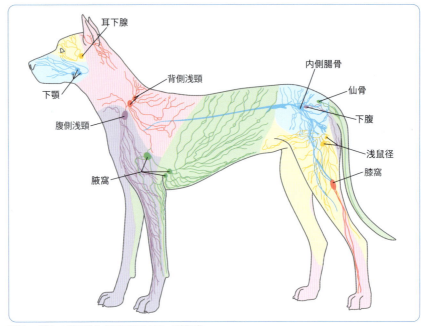

図1　リンパ領域と対応するリンパ節群

3. 治療前にしておくべきこと（ステージング）

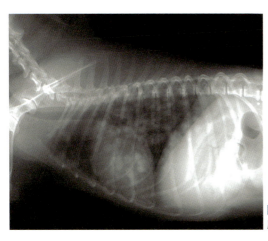

図1-35　乳腺腫瘍を有するビーグルの胸部X線画像
肺の砲弾状陰影が検出された。

遠隔転移を見逃すな

　遠隔転移の評価としては，一般に画像診断が実施されることが多い。腫瘍の種類により遠隔転移の好発部位がある程度決まっているため，まずは確定診断を下して，あたりをつけることが重要となる。ただし，もちろん好発部位だけを評価すれば良いということではなく，常に全身をチェックするよう心がけたい。皮膚腫瘍に限らず，一般的に腫瘍の遠隔転移が生じやすい部位として，肺や肝臓，脾臓など血流が豊富な臓器が挙げられる。とくにこれらの臓器に関しては注意深く転移を検索する。

　幸い，肺はもともと空気が充満している臓器であるという性質上，X線検査で良好なコントラストを得ることができ，その結果，転移巣の発見についての感度が高い。肺の多発性の砲弾状陰影などは典型的な転移所見である（**図1-35**）。腫瘍の転移に限ったことではないが，左肺の病変は左肺の含気が増加する右横臥位（右下）で，逆に右肺の病変は左横臥位（左下）でより検出感度が高く

なるため，肺転移の評価のためのX線検査は常に3方向で撮影を行うことが望ましい（**図1-36A，B**）。また，CT検査では単純X線検査よりもさらに小さな転移巣を発見することが可能である場合が多い。一般にX線検査で検出可能な転移巣は直径5mm以上，CT検査でのそれは直径2〜3mm以上，とされている（**図1-36C**）。

　肝臓や脾臓の評価においては，とくに超音波検査が有効となる。X線検査はび漫性の肝腫や脾腫を検出することが可能であるが，皮膚腫瘍の転移はむしろ多発性あるいは孤立性の巣状病変として生じることが多く，このような実質内病変はX線検査では確認することができない。だからといって，超音波検査でそれらしい巣状病変が検出されたとしてもすぐに転移と判断するのは性急である。これらの臓器で注意が必要なのは結節性過形成とよばれる良性病変であり，とくに高齢動物ではしばしば偶発的に発見されることが少なくない。転移性病変との鑑別は一般に画像からのみでは不可能であるため，FNAや病理組織学的検査を実施して腫瘍細胞の有無を確認することもある（**図1-37**）。

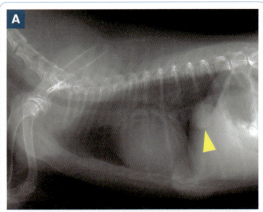
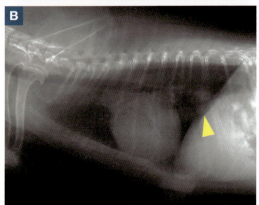
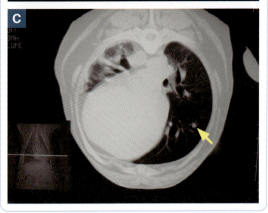

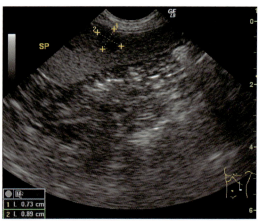

図1-37　軟部組織肉腫を有する雑種犬の超音波検査画像
脾臓に低エコー性の小さな巣状病変が検出された。FNAでは転移性腫瘍細胞は確認されず，結節性過形成と仮診断した。

図1-36　肺転移の評価
A：右横臥位撮影像。左肺腫瘤性病変（矢頭）が明瞭に確認された。
B：左横臥位撮影像。腫瘤性病変（矢頭）が認識されにくいことがわかる。
C：胸部CT像。単純X線検査では検出されなかった小さな腫瘤性病変が右中葉に確認された（矢印）。

4. 集学的治療

　前項までは皮膚腫瘍を外科的に「切って取る」ときの注意点や適応の見極めについてお伝えした。小さな腫瘍、それも良性が疑われる場合であれば、外科治療は最も明確で確実な治療法となり得る。そしてそれは一次診療の現場で対応すべきであり、一般臨床獣医師は、そのための知識と技術を身に付けておかなくてはならない。

　しかし、巨大な皮膚腫瘍または悪性度の高い皮膚腫瘍となると、簡単に切って取れば済むような問題ではなくなってくる。場合によっては、本格的に獣医腫瘍科医のもとへの紹介を検討しなくてはならないこともあるだろう。しかし、そのようなときでも皮膚腫瘍へのアプローチの全体像を知っておき、飼い主に正しい情報を与えることは非常に重要である。

　読者の先生方には獣医皮膚科診療の一環として、皮膚腫瘍に対する合理的かつ適切な診療方針を選択できるようにしてもらいたい。小さなできものを主訴に皮膚科外来を受診した症例であっても、それが単純な問題とは限らないのである。

"引き出し"は多いほうが良い

　腫瘍を治療するにあたり、「切って取る」外科治療は理論的に明快でイメージしやすい。それでは切って取ることができない腫瘍、すなわち外科切除が不能または困難な場合にはどうするか。

　腫瘍の治療法には原則的に3つの大きな柱が存在する。1つはこれまでにもお伝えしてきた外科治療。そして残りの2つは化学療法（いわゆる抗がん剤治療）と放射線治療である。ほかにも免疫治療や分子標的治療、温熱治療など、さまざまな治療法が日々研究され実施されているが、前述した3つの治療法は今でも腫瘍治療の中心的存在として位置づけられている。治療の実施にあたって、一次診療の現場で自らの手で行うか、それともより専門的なほかの施設に依頼するかは別として、少なくともそれぞれの治療法について最低限の知識は備えておきたいものである。**表1-4** に各治療法の特徴を簡単にまとめたので、参考にされたい。

　大前提として覚えておきたいのは、外科治療ならびに放射線治療は局所治療（腫瘍自体あるいはその浸潤のコントロール）として、そして、化学療法は主に全身治療（転移のコントロール）として用いられるという点である。そして、勘違いされやすいところではあるが、皮膚科診療の対象となるような肉眼レベルの皮膚腫瘍に対しては、根治目的で化学療法や放射線治療が単独で適応となることはほとんどない。皮膚腫瘍のような局所病変を制御するためには、原則的には外科治療に勝るものはないと考えたほうが良い。

　それでも、外科的根治切除が到底不可能だというような腫瘍に対しては、可能な限りの外科切除（減容積手術）を実施した後に放射線治療や化学療法を追加したり、逆に、術前に放射線治療や化学療法を実施して腫瘍を切除可能な程度に縮小させてから、外科治療を実施することもある。これらの治療法の適応は決して独立したものではなく、むしろ各種組み合わせた集学的治療（マルチモーダル治療）を行うことにより、最善の結果が期待できることが多いのである。なお、術後の補助治療をアジュバント療法とよぶのに対して、術前の

表1-4 腫瘍に対する主な治療法の特徴

	長所	短所	主な適応
外科治療	腫瘍減容積効果が非常に高い 1回の治療効果が非常に高い	形態的/機能的欠損 全身麻酔が必要	局所治療
放射線治療	局所制御効果が高い 形態的/機能的温存	麻酔の反復が必要 装置・人員が必要 高コスト 局所の放射線障害 適応腫瘍が限られる	
化学療法	全身性に効果あり 形態的/機能的温存 装置・人員が最小限 低コスト	局所制御効果が低い 治療の反復が必要 全身への副作用 適応腫瘍が限られる	全身治療 (時に局所治療)

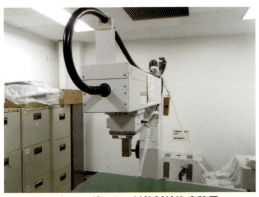

図1-38 オルソボルテージ放射線治療装置
(写真提供:東京大学附属動物医療センター)

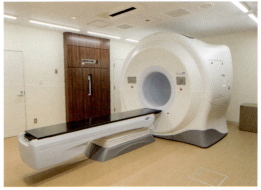

図1-39 メガボルテージ放射線治療装置の例
CTと一体化した強度変調放射線治療器「トモセラピー」。
(写真提供:日本小動物がんセンター)

補助治療はネオアジュバント療法とよばれる。

局所のコントロールのために外科治療と併用する治療法を考える場合,化学療法は前述したとおりあくまで全身治療という位置づけであり,適応となるような抗がん剤感受性の高い固形腫瘍がそもそも多くない上,期待される局所制御効果に比して全身への副作用が懸念されるため,放射線治療のほうがより望ましいといえる。しかし,放射線治療の実施にあたっては,主に費用や施設の制限などがネックとなり,現実的な選択肢とならないこともあるだろう(**図1-38,39**)。それに比べて化学療法は,もちろん全身的な副作用に注意を払う必要はあるものの,比較的手軽に実施が可能であるため(**図1-40**),やむを得ず選択される場合も少なくないかもしれない。もちろん治療対象とする腫瘍の種類によって,放射線感受性や抗がん剤感受性を考慮して,補助治療の内容を選択する必要がある(**表1-5,6**)。

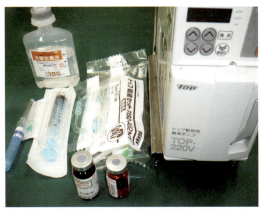

図1-40 化学療法に必要な器具類の1例

表1-5 放射線治療の適応となる皮膚腫瘍の例

- 肥満細胞腫
- 軟部組織肉腫
- 猫の注射部位肉腫
- 浸潤性脂肪腫
- リンパ腫 など

表1-6 化学療法が適用されることのある皮膚腫瘍の例

腫瘍	使用される抗がん剤の例
肥満細胞腫	ビンブラスチン, ロムスチン, イマチニブ, トセラニブ
組織球性肉腫	ロムスチン
リンパ腫	L-アスパラギナーゼ, ロムスチン, 多剤併用
血管肉腫	ドキソルビシン, ビンクリスチン, シクロホスファミド
軟部組織肉腫	ドキソルビシン, ビンクリスチン, シクロホスファミド
猫の注射部位肉腫	ドキソルビシン, シクロホスファミド　　　　　　　　　　　　　　　　　　　　など

事前に戦略を練る

　腫瘍の種類，悪性度，進行度，全身状態などを把握した上で治療に入ること，すなわち治療前に「まず敵を知る」ことの重要性は，これまでにもお伝えしてきたとおりである。例えば四肢の体表腫瘤に対して，術前の評価もしっかりせずに行き当たりばったりで外科治療を行い，「術後の検査の結果，悪性腫瘍でした。取りきれていなかったので抗がん剤による補助治療を行いましょう。それでも再発するなら残念ながら断脚しかありません」となった場合を考えてみる。これでも一見，集学的治療といいたくなるかもしれないが，実は後手に回っているだけの，理想とはかけ離れたアプローチである。まずは，根治の最大のチャンスである最初の外科治療をもっと慎重に行う必要があっただろう。そして，そもそも外科治療に入る前にしっかりと敵を知り，勝ち目があるのかないのか，どのような戦略で治療にあたるべきかを，十分に

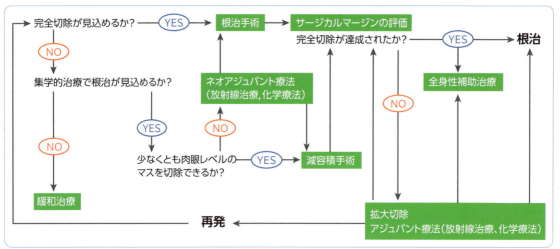

図1-41 局所の固形腫瘍に対する治療法の選択

吟味する必要があったはずである。

図1-41に，局所の固形腫瘍に対して各種治療法を選択する一連の流れをチャートとして示すことを試みた。あくまで大枠であるが，この内容をシンプルに噛み砕いて言葉で説明するならば，以下のように集約されるだろうか。

1. 基本的に外科治療で取りきれるなら，切って取るのが大前提。
2. 取りきれないなら，取れるだけ（できれば肉眼レベルの腫瘍がなくなるまで）取ってから，残存した細胞レベルの腫瘍を放射線治療や化学療法で叩く。
2'. または，逆に放射線治療や化学療法で十分小さくしてから外科治療で取る。
3. どうにも局所をコントロールできなければ，根治不可として緩和治療を検討する。
4. 局所のコントロールが達成されたとしても，高悪性度腫瘍の場合は全身性の補助治療としての化学療法を考慮する。

Column

がん治療の4本目・5本目の柱

本文でも解説したとおり，これまで悪性腫瘍の標準治療法としては，「外科治療」「化学療法」「放射線治療」が3大治療とされてきた。さらにこれらに「緩和治療」を加えて4本柱とよぶこともあったようである。しかし近年の人医療では，むしろ「免疫療法」が第4の治療としての地位を確立しつつあり，4大標準治療として再編され始めている。そのきっかけとして免疫チェックポイント阻害剤の実用化に貢献した本庶佑先生が2018年にノーベル賞を受賞したのは記憶に新しい。なお，かつて「化学療法」とは主に狭義の抗がん剤（殺細胞性抗がん薬）による治療を指す言葉であったが，最近では広義の

抗がん剤として分子標的治療薬や免疫治療薬を含めて「薬物治療」とよばれることも多く，外科治療，（免疫療法を含む）薬物治療，放射線治療をもって3大治療とよぶこともあるようだ。

「免疫」と聞くと，かつてはサプリメントで免疫力を高めるなど，眉唾物のイメージがあったかもしれないが，ここでいう「本格的な」免疫療法はそれとは大きく異なる。腫瘍免疫学の観点から，がん免疫サイクルの7つのステップのいずれかに作用して，免疫による腫瘍細胞への攻撃を強化する，もしくは腫瘍による免疫抑制を回避することを主な目的とする治療法である（図1）。1990年代以前は，サイトカイン療法や活性化リンパ球療法など，非特異的な免疫療法の研究が盛んであった。その後，がんワクチン（ペプチドワクチン，樹状細胞ワクチン）の登場を機に，より特異的な免疫療法に研究開発がシフトされ，現在では抗体療法としての免疫チェックポイント阻害剤や，エフェクターT細胞（CAR-T細胞/キメラ抗原受容体T細胞）を利用した免疫細胞療法が特に注目され次々と製品化されている。

獣医学領域における免疫療法としては，唯一の認可薬として海外で以前から販売されてきたのが犬の口腔内メラノーマワクチンであり，近年ついに国内でも特定の施設において利用できるようになった。また，犬の免疫チェックポイント阻害剤としての抗PD-1抗体や抗PD-L1抗体は国内でも盛んに研究されてきた分野であったが，近年アメリカで抗PD-1抗体医薬が条件付き承認された。ちょうど本コラムの執筆中に，東京で開催された世界獣医がん学会（2024）に参加する機会を得たが，獣医学領域においても間違いなく免疫療法がホットトピックであることを実感させられるコンテンツの数々であった。

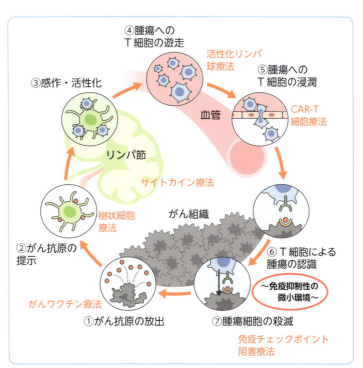

図1　がん免疫サイクルと各種免疫療法の作用点（文献27より引用・改変）
近年の研究開発の焦点は，このサイクルの左半分から右半分に移行するようになった。

5. 病理組織学的検査の考え方

　根本的に，皮膚腫瘍に対して丁寧にアプローチしようと思えば，病理組織学的検査が必要となることが多い。「まず敵を知る」ために術前に行う組織生検（図1-42）や，外科的に切除した腫瘍そのものを術後に病理医に提出して，切除縁の評価やその後の治療方針の調整を目的として実施されるものである（図1-43）。場合によっては術前と術後で診断名が変わることもあるだろう。切除した腫瘍は原則として病理組織学的検査に供すべきであり，何も考えず捨ててしまうのはもってのほかである。手術で取れば一件落着とは限らないのだから。

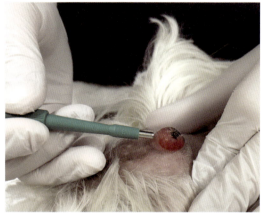

図1-42　体表腫瘤に対する術前生検
パンチ生検は局所麻酔下で実施することもある。

診断書を読み解く

　さて，切除した腫瘍を病理組織学的検査に送ると，やがて診断書が届く。隅から隅までぎっしり書かれた病理学的用語を前に，物怖じしてしまう気もわからないではない。なかには診断名とせいぜいコメントだけ見たら，ほかの病理学的所見はほとんど読まない方もいるかもしれない。しかし，そこには見逃してはならない重要な情報が書かれていることも多い。そして実は，病理学的所見の読み方もポイントさえ押さえてしまえば，さほど厄介ではないのである。「最終的な診断名は何か（術前の診断と変わりないか）」「悪性度（腫瘍の種類によっては組織学的グレード）はどの程度か」「周囲組織への浸潤性はどうか」「切除縁に腫瘍細胞は存在しないか（1cm以上の余裕，もしくはバリアーの存在が理想），すなわち今回の手術によって腫瘍は取りきれたか（図1-44）」「遠隔転移を示唆す

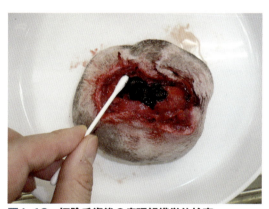

図1-43　切除手術後の病理組織学的検査
切除縁に腫瘍細胞が露出しているか心配な部分にはインクなどを塗って病理医に伝える。

る血管やリンパ管への浸潤所見（脈管浸潤）はないか（図1-45）」。最低限，以上のような点に注意して診断書を読む癖をつけておくと良い（表1-7）。

　切除縁に関する評価として，「完全切除」なのか「不完全切除」なのかが明らかであればその後の方針も明確となるが，「病変自体は切除されているもののマージンは最小限」というような，いわゆ

5. 病理組織学的検査の考え方

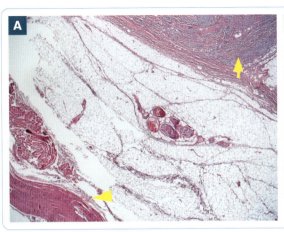
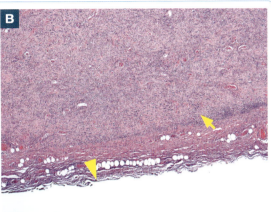

図1-44　切除縁の評価
A：筋層（矢頭）を含み十分に余裕のあるマージンで完全切除された肥満細胞腫（矢印）の組織像。
B：マージン最小限と判定された肥満細胞腫（矢印）の組織像。切除縁（矢頭）に腫瘍細胞が存在しなくても安易に完全切除とは考えないほうが良い。（写真提供：病理組織検査ノースラボ）

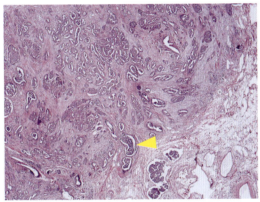

図1-45　脈管浸潤所見
脈管内に腫瘍細胞が確認され（矢頭），転移の可能性が示唆された。
（写真提供：病理組織検査ノースラボ）

表1-7　病理所見から読み取れる情報の例

- 診断名
- 悪性度（組織学的グレード）
- 周囲組織浸潤性と切除縁の状態
- 脈管浸潤の有無
- その他のコメント

るギリギリの「近接切除」として返ってきた場合，その解釈とその後の方針決定には注意が必要である。病理医の心の声に耳を傾けるなら，「先生，飼い主様に説明する手前，診断書に明記するのは避けますが・・・これはどちらかといえば，完全切除というよりは限りなく不完全切除に近いと考えておいたほうが良いですよ」というニュアンスを感じ取る必要があるだろう。このいわば病理医の忖度を考慮することなく「ギリギリだけど取りき

れていて良かったですね。めでたしめでたし」という単純な結論にしないように気をつけてもらいたい。顕微鏡で観察した範囲においては切除縁に腫瘍細胞が露出していない状況（マージンフリー）であっても，観察していない部分については，どのように腫瘍浸潤の足が伸びているか予測は困難であり，部位によっては細胞レベルで腫瘍に切り込んでしまっている可能性（マージンダーティー）は否定しきれない。「一応，切除は完全と返って

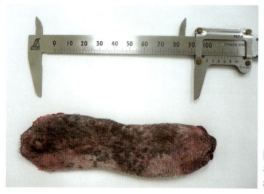

図1-46　肥満細胞腫の拡大再手術
初回手術では水平方向の切除が不完全と判定されたが，病理組織学的検査の結果，今度は完全切除と判定された。

きたけど，ギリギリだったので補助治療も検討しましょう」というスタンスで改めて慎重に相談する姿勢が正解であろう。

また，もし病理結果に不明点や疑問点が生じた場合には，委託先に問い合わせをして病理医と直接ディスカッションをすべきである。リアルタイムの言葉のやり取りによって初めてお互いの認識のズレを修正して，当初とは異なる結果にたどり着くこともあるだろう。最初は躊躇しがちだと思うが，たいていは電話越しに親切丁寧に対応してくれるのものであり，病理医を過剰に怖がる必要はない。忖度なく物がいい合えるような関係性を構築しておけると心強い。

さて，術後の病理組織学的検査の結果は，その後の治療方針を左右する（p.38, 図1-41）。不完全切除が明らかまたはその可能性があるなら，もう一度さらに大きく外科的に取る（図1-46），あるいは放射線治療や化学療法で残存病変を叩く，などの選択肢が浮上する。遠隔転移が疑われるのであれば，抗がん剤による全身療法を検討するか，もしくは根治をあきらめざるを得ないかもしれない。また，これは避けたい状況ではあるが，何気なく切除した小さな皮膚腫瘍を病理組織学的検査に出してみたら，ただ事ではない結果が返ってくる場合もあるだろう。この段階で手に負えなそうだと判断したら，早めにより専門的な施設を紹介するのも良案である。

6. 二次診療への紹介

ここまでお伝えしてきた内容をご覧になって，読者の先生方はどう感じられただろうか？すでに日々の診療に取り入れていた情報ばかりかもしれないし，「なるほど」と新たな知識を早速現場で実践されるかもしれない。しかし，なかには「そんなことをいわれても，なかなか自分ではできないよ」という方もおられるのではなかろうか。むしろ，それはそれで重要なことである。

一般診療または皮膚科診療の現場で皮膚腫瘍，とくに悪性腫瘍に遭遇した際に，自分自身で，あ

るいは自分の施設で，どこまでの治療が提供できるのかを客観的に判断することは非常に大切である．腫瘍の治療にあたっては，前述したとおり「敵を知る」ことが最も重要であるが，それと同じくらい重要なのが「己を知る」ことであると考える．切除外科の技術，再建外科の技術，化学療法の知識と経験，放射線治療の知識と経験，自身の施設の設備，スタッフの人数や能力，術後管理の体制など，考慮する項目は数多い．さらには，飼い主に適切に情報を伝えて理解させる，いわゆるインフォームドコンセントの能力などもこれに含まれる．

　幸い近年では，大学病院や地域の中核医療センターなどにおいて，ハード面，ソフト面ともに獣医腫瘍科診療に力を入れている施設が少なくない．自分の手には負えないと判断した症例については，そのような施設へ紹介するという手段も選択できる．何度も強調しているように，皮膚腫瘍の治療においては，初回の手術がとくに肝心となる．下手に手を出して再発したり困り果てた状況を招くよりも，最初から獣医腫瘍科医のもとへ紹介したほうが最善の結果につながることが多いかもしれない．人医療領域では，例えば日本整形外科学会による軟部腫瘍診療ガイドラインには，以下のように明記されている．「悪性軟部腫瘍（軟部肉腫）は・・・（中略）・・・その診療は，十分な知識と経験を有する集学的診療チームによって行われるべきであり，このガイドラインに則った治療といえども，本委員会は，決して非専門医による安易な診療を推奨するものではない．悪性の可能性が疑われるときには専門医へのコンサルトを行うことが強く推奨される」．

　しかしここで大事にしたいのは，自分ではとても太刀打ちできそうにないからと，毎回紹介先に"丸投げ"することではなく，自分でできないなりに知識だけでも備えておくこと，そして，少しずつでも自分でできる範囲を拡げていくことだと考える．「大学病院に紹介したら予約が3週間先になり，待っている間に腫瘍が何倍にも膨れ上がって，とても根治切除不能となってしまいました」などという悲しい結末をなるべく避けるためにも，一次診療の現場で対処できる範囲を拡げたいものである．

　ただし，それがただの無謀な挑戦となってしまっては元も子もない．術式の経験不足や局所解剖の知識が十分でないまま外科治療を行えば，術中の大出血や手術時間の延長，術後の壊死，重大な合併症などにつながる危険性がある．もちろん腫瘍自体が不完全切除となるリスクも考えなくてはならない．化学療法に関しては，抗がん剤の使用経験が豊富な場合とそうでない場合とでは，微妙なさじ加減や副作用が発現した際の対処などの点で差が生じる．また，そもそも腫瘍の特徴に関する知識が不足していれば，最適でない治療計画を選択してしまうことになりかねない．自己の力量と十分に相談した上で，勇気ある撤退を選択するのが最善の結果につながる場合もあることを忘れてはならない（**図1-47**）．

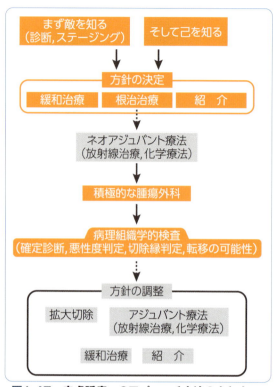

図1-47　皮膚腫瘍へのアプローチ方法のまとめ

Key Point

まず敵を知る

- 確定診断（仮診断）：鑑別診断，細胞診，組織生検
- 局所浸潤：触診，画像診断など
- リンパ節転移：触診，画像診断，細胞診など
- 遠隔転移：画像診断，細胞診など

そして己を知る

- 瘍外科の技術：切除外科，再建外科
- 補助治療の経験：放射線治療，化学療法
- 設備，スタッフ，術後管理体制

Column
一次診療の役割

　現在では各種専門誌などにより，主に二次診療の現場で行われるような高度獣医療に関する情報が満ち溢れ，いかなる場合にもそのような治療を行うのが当たり前かつ正解かのような風潮があるように感じている．しかも，そのような情報はわれわれ獣医療関係者のみならず，飼い主ですら簡単にアクセスできてしまう世の中である．

　標準治療が高度化する現在，「もはやCTも撮らずに診療するのは悪なのではないか」「肥満細胞腫を発見したら下手に自分で手を出さずにすべて専門医に送るほうが無難なのではないか」などといった開業医の弱気な意見を耳にする機会が増えているように思う．

　高度獣医療に基づく標準治療は，もちろん理想的な診療ではあるかもしれないが，それでも一次診療の現場では「そこまでは希望しない」という飼い主の声が相変わらず聞かれる毎日ではなかろうか．「手間や金額がいくらかかってもよいからうちの子にベストの治療を受けさせてあげたい」というニーズがある一方で，今後どんなに獣医療が進歩しようが，「かかりつけの先生に診てもらうほうが安心」「うちの子の手術は，できればいつもお世話になっている先生にお願いしたい」というようなニーズも存在し続けることは間違いないだろう．たとえ，それが本来理想とするはずの診療内容，標準治療ではなかったとしてもである．獣医学的な理想はいったん置いておいて，一次診療病院を地域密着型のサービス業と位置づけるのであれば，このような声に真摯かつ誠実に対応することこそが目指すべきゴールであると考えられなくはない．そこではきっと，どのような結果になったとしても，「先生に診てもらえてよかった」といってもらえる絆が成立しているであろう．もちろんその絆を言い訳にすることなく，二次診療レベルと比べても遜色ない獣医療を提供できるのであればそれに越したことはないし，できるだけそこを目指すために知識や腕を磨くべきであるとも考える．

　一次診療の現場であっても，リソースの許す範囲でできる限りの質の高い診療を実践しつつ，同時に高度獣医療を含めた標準治療に関する情報を適切に提供し，個々の動物や飼い主の状況に応じて何が最適かを一緒に悩みながら考え，希望する飼い主には二次診療をコーディネートする．筆者はそんなかかりつけ医でありたい．

参考文献

1. Medleau, L., Hnilica, K. A.(2006)：腫瘍性および非腫瘍性の腫瘤．カラーアトラス犬と猫の皮膚疾患，岩崎利郎監訳，第2版，pp.395-449，文永堂出版．
2. 小林哲也（2002）：癌患者へのアプローチ法とステージング．Infovets, 48：14-17．
3. Liptak, J. M.(2009)：腫瘍外科の原則 1．診断とステージ分類．圓尾拓也監訳，J-Vet, 23(3)：13-26．
4. Raskin, R. E.(2001)：皮膚と皮下組織．In: カラーアトラス犬と猫の細胞診，石田卓夫監訳，pp.31-82，文永堂出版．
5. Ogilvie, G. K., Moore, A. S.(2006)：癌の診断．犬の腫瘍，桃井康行監訳，pp.31-99，インターズー．
6. Ogilvie, G. K., Moore, A. S.(2001)：生検．猫の腫瘍，桃井康行監訳，pp.9-52，インターズー．
7. Owen, L. N.(1980)：TNM Classification of Tumors in Domestic Animals. World Health Organization.
8. Stowater, J. L., Lamb, C. R., Schelling, S. H.(1990): Ultrasonographic features of canine hepatic nodular hyperplasia. Vet. Radiol., 31:268-272.
9. 廉澤剛（2010）：外科療法．In：第3回日本獣医がん学会講演要旨集会, pp.48-52, 日本獣医がん学．
10. Evans, H. E., Christensen, G. C.(1979)：リンパ系．In：犬の解剖学，望月公子監訳，新版，pp.627-659, 学窓社．
11. Rose, E. R.(2001)：リンパ系組織．In: カラーアトラス犬と猫の細胞診，石田卓夫監訳，pp.83-119, 文永堂出版．
12. Mattoon, J. S., Auld, D. M., Nyland, T. G.(2002)：腹部の超音波走査テクニック．In: 犬と猫の超音波診断学，廣瀬昶，小山秀一監訳，第2版，pp. 53-81, インターズー．
13. Ogilvie, G. K., Moore, A. S.(2006)：獣医療での癌画像診断法．In: 犬の腫瘍，桃井康行監訳，pp.41-51, インターズー．
14. Ogilvie, G. K., Moore, A. S.(2001)：癌に罹った猫に対する思いやりのある治療とは．In: 猫の腫瘍，桃井康行監訳，pp.3-8, インターズー．
15. Simpson, A. M., Ludwig, L. L., Newman, S. J., et al (2004)：Evaluation of surgical margins required for complete excision of cutaneous mast cell tumors in dogs. J. Am. Vet. Assoc., 224：236-240.
16. Fulcher, R. P., Ludwig, L. L., Bergman, P. J., et al (2006)：Evaluation of two-centimeter lateral surgical margin for excision of grade I and grade II cutaneous mast cell tumors in dogs. J. Am. Vet. Med. Assoc., 15：210-215.
17. Withrow, S. J.(2001)：Surgical oncology. In：Small Animal Clinical Oncology, Withrow, S. J., MacEwan, E. G. eds. 3rd ed., pp.70-76, Saunders.
18. Liptak, J. M.(2009)：腫瘍外科の原則 2．外科手術と集学的治療．圓尾拓也監訳，J-Vet, 23(4)：20-32．
19. Ogilvie, G. K., Moore, A. S.(2006)：外科的腫瘍学．In: 犬の腫瘍，桃井康行監訳，pp.162-166, インターズー．
20. Hedlund, C. S.(2002)：形成外科および再建外科の原則．In：スモールアニマル・サージェリー，若尾義人，田中茂男，多川政弘監訳，2nd ed., pp.166-201, インターズー．
21. 廉澤剛（2011）：治療学総論．In：第4回日本獣医がん学会講演要旨集, pp.25-30, 日本獣医がん学会
22. 信田卓男（2011）：外科療法．In：第4回日本獣医がん学会講演要旨集, pp.31-35, 日本獣医がん学会
23. 金久保佳代，圓尾拓也（2009）：放射線治療総論．Surgeon, 13(5)：6-23．
24. Ogilvie, G. K, Moore A. S.(2006)：放射線療法：特徴、使用法、動物の管理．In: 犬の腫瘍，桃井康行監訳，pp.136-154, インターズー．
25. Ogilvie G. K, Moore A. S.(2001)：化学療法：特徴、使用法、動物の管理．In：猫の腫瘍，桃井康行監訳，pp.61-74, インターズー．
26. Cullen, J. M, Page R. Misdorp W. (2002)：Tumor Management. In：Tumors in domestic animals, Meuten D. J. ed., 4th ed., pp.37-44, Blackwell Publishing.
27. Chen, D. S., Mellman, I.(2013): Oncology meets immuniology: the cancer immunity cycle. Immunity, 39:1-10.
28. Suami, H., Yamashita, S., Soto-Miranda, M. A., et al. (2013): Lymphatic territories (lymphosomes) in a canine: An animal model for investigation of postoperative lymphatic alterations. PLoS One, 8(7):e69222
29. Pratschke, K. M., Atherton, M. J., Sillito, J. A., et al. (2013): Evaluation of a modified proportional margins approach for surgical resection of mast cell tumors in dogs: 40 cases (2008-2012). J. Am. Vet. Med. Assoc., 243(10): 1436-1441.
30. Saunders, H., Thomson, M. J., O'Connell, K., et al. (2021): Evaluation of a modified proportional margin approach for complete surgical excision of canine cutaneous mast cell tumours and its association with clinical outcome. Vet. Comp. Oncol., 19(4): 604-615.
31. Alvarez-Sanchez, A., Townsend, K. L., Newsom, L., et al. (2023): Comparison of indirect computed tomography lymphography and near-infrared fluorescence sentinel lymph node mapping for integumentary canine mast cell tumors. Vet. Surg., 52(3): 416-427.
32. De Bonis, A., Collivignarelli, F., Paolini, A., et al. (2022): Sentinel lymph node mapping with indirect lymphangiography for canine mast cell tumour.

Vet. Sci. 9(9): 484.

33. Romańska, M., Degórska, B., Zabielska-Koczywąs, K. A. (2024): The use of sentinel lymph node mapping for canine mast cell tumors. *Animals (Basel)*, 14(7): 1089.
34. Worley, D. R. (2014): Incorporation of sentinel lymph node mapping in dogs with mast cell tumours: 20 consecutive procedures. *Vet. Comp. Oncol.*, 12(3): 215-226.
35. Stefanello, D., Morello, E., Roccabianca, P., *et al.* (2008): Marginal excision of low-grade spindle cell sarcoma of canine extremities: 35 dogs (1996-2006). *Vet. Surg.*, 37(5): 461-465.
36. Russell, D. S., Townsend, K. L., Gorman, E. *et al.* (2017): Characterizing microscopical invasion patterns in canine mast cell tumours and soft tissue sarcomas. *J. Comp. Pathol.*157(4):231-240.
37. Avallone, G., Rasotto, R., Chambers, J. K., *et al.* (2021): Review of histological grading systems in veterinary medicine. *Vet. Pathol.* 58(5): 809-828.
38. 廉澤剛 (2005)：腫瘍外科におけるサージカルマージンの理論とその実際. *獣医麻酔外科学雑誌*. 36(2): 29-35.
39. 川口智義, 網野勝久, 松本誠一ほか (1989)：骨軟部腫瘍における切除縁評価法の検討. *癌と化学療法*, 16(4): 1802-1810.
40. Kawaguchi, N., Matumoto, S., Manabe, J. (1995): New method of evaluating the surgical margin and safety margin for musculoskeletal sarcoma, analysed on the basis of 457 surgical cases. *J. Cancer Res. Clin. Oncol.*, 121(9-10): 555-563.
41. 日本整形外科学会監修 (2012)：軟部腫瘍診療ガイドライン 2012. 南江堂.
42. 日本整形外科学会監修 (2020)：軟部腫瘍診療ガイドライン 2020 改訂第3版, 南江堂.
43. del Castillo Magán, N., Barneda, R. R. (2020): 第5章　がんの治療法. In: 臨床獣医師のための腫瘍科診療ガイド, 伊東輝夫, 近藤広孝, 佐伯亘平, ほか翻訳, pp.105-133, インターズー.
44. 細谷謙次監修 (2018)：腫瘍別プロトコル解説集 抗がん薬の組み合せを理解する！*Veterinary Oncology*, 17:3-103.
45. 細谷謙次監修 (2022)：犬の腫瘍別プロトコル解説集 抗がん薬の組み合せを理解する！*Veterinary Oncology*, 36:3-137.
46. 細谷謙次監修 (2023)：猫の腫瘍別プロトコル解説集 抗がん薬の組み合せを理解する！*Veterinary Oncology*, 37:3-97.

第2章

各論

2 各論

　第1章では皮膚腫瘤を発見した場合の診療アプローチについて解説した。目の前の皮膚腫瘤に対して、どのように診断し、戦略を練り、治療にあたるか、その流れはご理解いただけたことと思う。そのなかでわれわれは、身体検査をはじめ、細胞診、組織生検、病理組織学的検査、血液検査、画像診断、外科手術、化学療法、放射線治療など、さまざまな知識と技術を駆使して総合的に診療を行う必要がある。

　こうした慎重なアプローチは、とくに悪性腫瘍の治療にあたっては非常に重要となるが、良性腫瘍または腫瘍ではない良性病変に対しては、必ずしも、そこまで徹底的に事を進める必要がない場合もあるだろう。

　これまでお伝えしてきた内容をふまえて、**図2-1**に筆者なりのアプローチ方法をチャートとして示した。ここからは、主にこのチャートの流れに沿って診察した、実際の皮膚腫瘤症例について各論的に解説していきたい。

1. 非腫瘍性病変

　皮膚のできもの（腫瘤）を発見した際に、「皮膚に『腫瘍』がある」と慌てて来院する飼い主は少なくない。しかし、それらのすべてが本当に腫瘍かというと、そうではない場合も多い。

　「腫瘍（tumor）」とはあくまで「自己の細胞が異型性を有し自律的に増殖する病変」を指すものであり、皮膚のできもの、すなわち塊状病変の総称としては「腫瘤（mass）」という言葉を用いるべきと考える。なお、皮疹学的には、直径1cm以上の充実性の皮膚の隆起は「結節（nodule）」と表現されるべきものという統一的見解があるようだが、「腫瘤」や「腫瘍」という用語の定義は諸説あるようだ。

非腫瘍性の腫瘤とは

　表2-1に、「腫瘍」ではない「できもの（腫瘤）」の例を挙げた。これには囊胞状病変や炎症性病変などが含まれる。明らかな外観上の特徴や触診所見などから、ある程度の鑑別が可能なものもあるが、基本的には検査なしにこれらを確定診断することは不可能であり、避けるべきである。最初のステップはやはり「針を刺して（細胞を採って）みること」となる。

1. 非腫瘍性病変

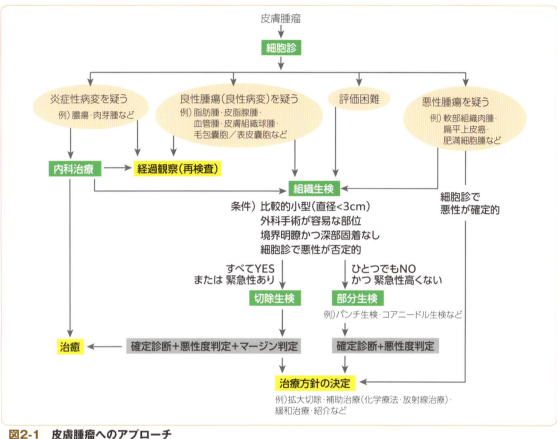

図2-1　皮膚腫瘤へのアプローチ

表2-1　腫瘍ではない「できもの」の例

・毛包嚢胞／表皮嚢胞	・異物性肉芽腫	・舐性肉芽腫
・アポクリン腺嚢胞	・節足動物による咬傷反応	・好酸球性肉芽腫
・クリプトコッカス症	・結節性脂肪織炎	・皮膚石灰沈着症
・皮下膿瘍	・過誤腫（母斑）	

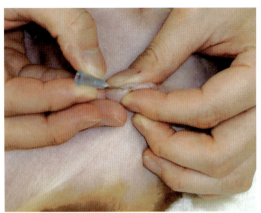

図2-2 FNB（吸引をともなわない細針生検）
筆者は，体表腫瘤の細胞診材料は主にこの方法で採取している。

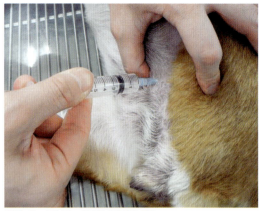

図2-3 FNA（細針吸引生検）
筆者は，間葉系（非上皮系）腫瘍など，細胞が採取されにくくFNBで十分な細胞数が採材できなかった場合に適用している。

診断アプローチ

図2-1に示したとおり，皮膚腫瘤を見つけたらまず実施したいのが細胞診である。すべてはここから始まるといっても過言ではない。皮膚腫瘤の多くは目にみえる，あるいは手で触れることが可能なため，内部臓器などに比べて，FNB（吸引をともなわない細針生検，**図2-2**）またはFNA（細針吸引生検，**図2-3**）の実施が容易である。

細胞診では，大きく炎症性病変と腫瘍性病変を鑑別することが可能となる場合が多い。さらに腫瘍性であれば，それが良性か悪性か，そして細胞の由来が上皮系なのか，間葉系（非上皮系）なのか，独立円形細胞なのかをある程度区別できる。また，腫瘍の種類によっては特徴的な細胞形態を示し，確定診断すら可能となることもある。細胞診の手技の実際については第3章『手技』(p.144)を参照されたい。

腫瘍は原則として自然に退縮することはない（例外：皮膚組織球腫など）一方で，炎症は自然治癒または内科治療による治癒が期待できる場合もある。また，良性腫瘍は一般に転移を起こすことがないものと定義されているため，悪性腫瘍と異なり，遠隔転移により生命を脅かす可能性がなく，治療に際して時間的猶予があると考えて良い。このように，細胞診によって腫瘍のカテゴリーを鑑別することは，治療方針を決定し，インフォームドコンセントを行う上で非常に有用となる。

Key Point

悪性腫瘍 vs 良性病変

異なるアプローチ

↓

そのためにも，まずは細胞診から

1. 非腫瘍性病変

症例紹介

症例1

6歳齢，避妊雌，ミニチュア・シュナウザー

主訴：健康診断のため来院

皮膚科学的所見：頸背部皮内に直径約1cmの境界明瞭な結節。深部固着なし。脱毛なし（図2-4）

細胞診所見：多数の角化物が認められた（図2-5）

仮診断：毛包嚢胞／表皮嚢胞（または毛包由来良性腫瘍）

治療プラン：経過観察

【コメント】

毛包嚢胞／表皮嚢胞は，扁平上皮で裏打ちされた嚢胞内に角化物が充満した良性病変である。深部固着はなく表皮とともに可動する皮内腫瘤として認められる。嚢腫が小さい場合は，皮膚表面にわずかに隆起するものの，脱毛はないかわずかであり，目立たないことが多い。FNBにて，顆粒状またはペースト状の固形物が採取されることが特徴的である（図2-6）。細胞診でこのような角化物が採取される場合の鑑別診断には，毛包嚢胞／表皮嚢胞，各種毛包由来腫瘍，過誤腫などが挙げられるが，原則としていずれも良性病変であり，経過観察または最低限の切除で一般に予後は良好である。

図2-4 頸背部にみられた結節
FNBを実施した。

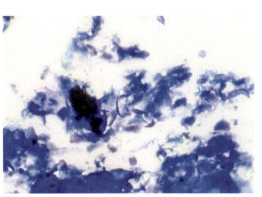

図2-5 細胞診所見
角化物ばかりが採取される場合には，良性病変である可能性が高い。

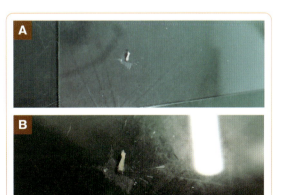

図2-6 採取された角化物の肉眼所見
顆粒状あるいはペースト状を呈することが多い（Bは拡大写真）。

症例2

4歳齢, 雄, ヨークシャー・テリア

主訴：他院にてアトピー性皮膚炎の治療中。転院希望

皮膚科学的所見：肘前面（前腕屈曲部）に紅斑, 丘疹。背部皮内に直径約1.5cmの境界明瞭な結節。深部固着なし。わずかな脱毛と発赤, 疼痛あり（図2-7）

細胞診所見：多数の角化物に加え, 好中球, 類上皮化マクロファージ, 多核巨細胞などの炎症細胞が認められた（図2-8）

仮診断：化膿性肉芽腫性炎症をともなう毛包嚢胞／表皮嚢胞（または毛包由来良性腫瘍）

治療プラン：プレドニゾロン約0.75mg/kg, 1日1回, 10日間内服。外科切除も検討

経過：発赤は完全に消退。結節サイズはその後2ヵ月間の観察期間で変化なし

図2-7 背部にみられた脱毛と発赤をともなう皮内腫瘤

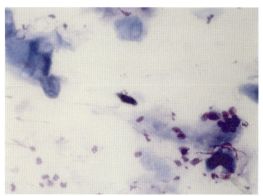

図2-8 細胞診所見
角化物に対する化膿性肉芽腫性炎症反応が疑われる。

【コメント】

　毛包嚢胞／表皮嚢胞などに蓄積した角化物は, 嚢胞状構造が維持されている間は無害だが, 嚢胞が破綻し皮膚組織内に漏洩すると異物反応に似た炎症を誘発し, さらに病態が悪化すれば皮膚表面に自壊することも少なくない。とくに嚢胞が大型化した場合に, このような転帰をとることが多い。基本的には放置しても問題にならない良性病変ではあるが, このような経過を予防するために（かつ確定診断のために）, 外科切除を検討するのも良いだろう。

1. 非腫瘍性病変

症例3

17歳齢，雄，雑種犬

主訴：頭頂部のできものが自壊

皮膚科学的所見：頭頂部に長径約5 cmの自壊した有茎腫瘤。それとは別に背部に直径約2 cmの境界明瞭な囊胞

細胞診所見：背部の囊胞は穿刺した瞬間に漿液が排出され縮小（**図2-9**）。細胞は認められなかった

仮診断：アポクリン腺囊胞（頭頂部腫瘍は毛芽腫を強く疑う）

経過①：全身麻酔下にて頭頂部腫瘤の切除生検と同時に，囊胞の切除生検を実施した

<mark>病理組織診断：アポクリン腺囊胞</mark>（頭頂部腫瘍は毛芽腫と診断された）

経過②：その後少なくとも6ヵ月の経過観察期間において，囊胞の再発は認められなかった

図2-9 アポクリン腺囊胞のFNB
穿刺した瞬間に勢いよく漿液が排出された。

【コメント】

アポクリン腺囊胞は，アポクリン腺上皮に裏打ちされた囊胞内に分泌液，すなわち汗の成分が貯留した良性病変である。細胞診のために穿刺した瞬間に無色透明の液体が排出され，退縮してしまうものが多い。炎症をともなうことはまれで，液体のタンパク濃度は低く，細胞成分は観察されない場合がほとんどである。液体貯留をともなう腫瘍性病変との鑑別が必要であり，液体を排出した後でも完全退縮せず，腫瘤や硬結がまだ触知される場合には，あらためてその部分から採材を試みるべきである。

[症例4]

6歳齢，避妊雌，雑種猫
主訴：右眼の充血（図2-10）
経過①：角膜輪部の黒色腫（メラノーマ）と診断し（図2-11），眼瞼の一部とともに眼窩内容切除術を実施した。病理組織診断は一部強膜外浸潤をともなう悪性黒色腫であり，完全切除と判定された。術後2週間ごろより術創外側端に腫瘤が認められるようになり，その後約2週間の経過観察の後も残存していたため細胞診を実施した
皮膚科学的所見：術創の一端に直径約3 mmの境界明瞭な不整形腫瘤。表面脱毛。深部固着なし（図2-12）
細胞診所見：類上皮化マクロファージやリンパ球，好中球などの炎症細胞と線維芽細胞を主体とし，ときおり多核巨細胞が認められた（図2-13）
仮診断：異物性肉芽腫（縫合糸肉芽腫）
治療プラン：経過観察
経過②：腫瘤は時間とともに縮小し，約8カ月経過した現在，明らかな腫瘤は認められていない

図2-10　雑種猫の右眼球に認められた黒色の腫瘤

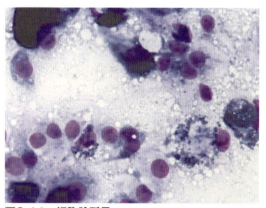

図2-11　細胞診所見
黒緑色の細胞質顆粒を含んだ多形性の細胞は，黒色腫（メラノーマ）を示唆する所見である。

図2-12　眼窩内容切除術の術後4週
術創の一端に小さな不整形腫瘤が認められた（矢印）。

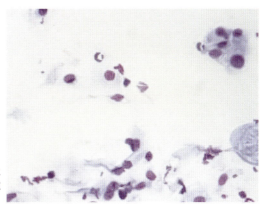

図2-13 細胞診所見
類上皮化マクロファージや線維芽細胞と思われる間葉系（非上皮系）細胞の出現をともなう炎症所見は，肉芽腫の特徴に合致する。

【コメント】

　悪性腫瘍の切除後，しばらくして術部に腫瘤が発生した場合，腫瘍の再発を疑い肝を冷やすこととなる。そのような場合でも慌てずに細胞診を実施するよう心がけたい。本症例の細胞診では，炎症細胞が主体であること，術前の細胞診所見とは明らかに異なること，そして巨細胞の存在が確認されたことから，腫瘍の再発よりもむしろ肉芽腫性病変であると考えた。皮下縫合に使用した合成吸収糸が，組織反応によって吸収される過程で過度に炎症を誘発したものと思われる。このような場合，縫合糸の吸収が進むとともに炎症の消退が期待できる。なお，肉芽腫性炎症でみられる活性化した線維芽細胞は，しばしば異型性の強い間葉系（非上皮系）悪性腫瘍細胞と形態的に類似するため，慎重な判断が必要となる。

[症例5]

6歳齢，去勢雄，ミニチュア・ダックスフンド

既往歴：リウマチ様関節炎（リウマチ因子陽性多発性関節炎）にて通院治療中。プレドニゾロン，アザチオプリン内服にて維持

主訴：体幹部に表皮小環散在

経過①：皮膚所見から表在性膿皮症を疑い，抗菌薬の内服を開始。約3カ月の経過にて全身的にほぼ改善するも，陰嚢部（他院にて去勢済）のみ病変が残存

皮膚科学的所見：陰嚢部皮下に15×5×5mm程度の比較的境界明瞭な硬結。深部固着なし。表面は膿疱状となり自壊あり（図2-14）

細胞診所見：ときに脂肪を貪食したマクロファージや多核巨細胞が非変性性好中球とともに認められた。間葉系（非上皮系）細胞が比較的多く，線維芽細胞と思われたが，悪性腫瘍細胞の可能性も否定できないと考えられた（図2-15）。明らかな病原体は検出されなかった

仮診断：異物性肉芽腫（縫合糸肉芽腫）または異物性脂肪織炎

鑑別診断：（特発性）無菌性結節性脂肪織炎，化膿性肉芽腫性炎症をともなう間葉系悪性腫瘍

治療プラン：プレドニゾロン約2mg/kg，1日1回へ増量。確定診断のための切除生検も検討

経過②：約1カ月間の免疫抑制導入療法により，自壊は改善したが皮下の硬結に変化なし。確定診断のために切除生検を実施した

病理組織診断：縫合糸肉芽腫（フィラメント状の異物を中心とした化膿性肉芽腫性炎症）

経過③：術後約1年が経過するが，同様の病変の再発は認められていない

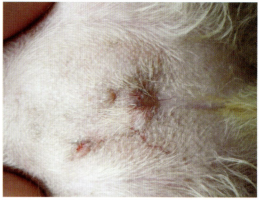

図2-14 過去の去勢手術部位の表面に認められた膿疱および瘻孔

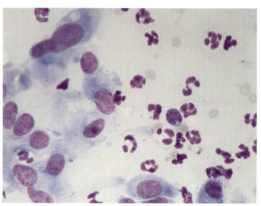

図2-15 細胞診所見
非変性性好中球と類上皮化マクロファージや間葉系細胞が混在して認められる。活性化した線維芽細胞は，しばしば異型性の強い間葉系悪性腫瘍細胞に類似するため注意が必要である。

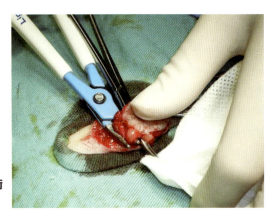

図2-16 血管シーリングシステムによる切除手術
新たな縫合糸を体内に残さない手術を心がけた。

【コメント】

　症例4の場合と異なり，自然退縮しなかった異物性肉芽腫の例である。過去の去勢手術に用いられた縫合糸が原因と考えられた。縫合糸は直接的に肉芽腫形成や脂肪織炎などの異物反応を引き起こすほか，間接的に無菌性結節性脂肪織炎の引き金となり得ることが示唆されている。これらは，とくにミニチュア・ダックスフンドでの発生が多いことが知られている。縫合糸の残存する部位以外に多発性の脂肪織炎が生じることもあり，縫合糸を外科的に除去することで収束する場合と，切除後も持続する場合とがある。なお，本症例の切除手術にあたっては，血管シーリングシステムを利用した。残された精索をシーリングした上で，その遠位において切断し，皮膚，硬結部位とともに一括切除することにより，体内に新たな縫合糸を残すことなく処置が可能であった（**図2-16**）。

症例6

6歳齢，去勢雄，ミニチュア・ダックスフンド

既往歴：4年前に他院にて去勢手術部に難治性の縫合糸肉芽腫を認め，縫合糸の外科切除と内科治療により寛解。また，約1年前から胃脾間膜ならびに腰背部における無菌性結節性脂肪織炎を発症。プレドニゾロンおよびアザチオプリンあるいはシクロスポリン内服により寛解中だったが，3カ月前から都合により投薬中断していた

主訴：左わき腹にしこり

皮膚科学的所見：左側腹部に直径約4cmの不整形の硬結。境界不明瞭で深部固着あり。中央部に波動感を触知し，比較的重度の発赤，疼痛あり（図2-17）

細胞診所見：肉眼的に細かな油滴を混じた膿様の液体が採取され，多数の非変性性好中球ならびに，時に脂肪を貪食したマクロファージが認められた（図2-18）。明らかな病原体は検出されなかった

細菌培養検査：陰性

仮診断：無菌性結節性脂肪織炎

治療①：プレドニゾロン約1mg/kg，1日1回，約1カ月間内服再開

経過①：一度自壊し，その後徐々に発赤，疼痛改善して良好だったが，硬結範囲に顕著な改善は認められず，再度自壊

治療②：プレドニゾロン約1mg/kg，1日2回へ増量，アザチオプリン約1.5mg/kg，1日1回，内服再開

経過②：約2カ月の経過で自壊部が上皮化し，硬結消失。その後プレドニゾロンを漸減し，低用量隔日投与としてアザチオプリンとともに継続中。以降約半年間再発はみられていない

図2-17 左側腹部にみられた発赤・疼痛をともなう不整形の硬結

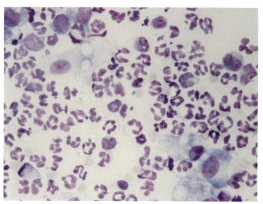

図2-18 細胞診所見
多数の非変性性好中球や脂肪を貪食したマクロファージは，無菌性脂肪織炎の所見と考えられる。

【コメント】

症例5と同様，去勢手術に使用された縫合糸が引き金となった可能性が濃厚な，ミニチュア・ダックスフンドの多発性脂肪織炎の症例である。本症例では過去に去勢手術部位に局所病変が認められ，縫合糸自体は切除したとのことであったが，その後も術部とは関連のない部位の皮膚や腹腔内にしばしば病変が認められている。免疫抑制剤による内科治療に良好に反応するものの，これまで休薬するたびに再発あるいは新たな病変が生じており，今後も免疫抑制剤を継続する必要があるものと考えられる。

2. 良性腫瘍

前項では、「皮膚腫瘤」に対する筆者なりのアプローチをチャート（p.51, **図2-1**）で紹介した上で、手はじめに非腫瘍性病変について解説した。

ここからはいよいよ、「皮膚腫瘤」へのアプローチの各論に取り掛かることとする。前項と同様にチャートの流れに沿って診察した皮膚腫瘍症例のうち、ここでは良性腫瘍を取り上げて解説していきたい。

良性腫瘍とは

ごく基本的な内容であるが、**表2-2** に良性腫瘍の特徴を悪性腫瘍と比較する形で掲載した。

良性腫瘍の最も重要な特徴のひとつとして、基本的には悪性腫瘍と違って他臓器へ転移を生じることがないという点が挙げられる。そのため細胞診にて良性が疑われた場合には、その腫瘍が症例の生命を脅かす可能性は低いものとして対処することができる。その成長速度は一般的に緩慢であるため、小さい、または動物に害を及ぼしていない腫瘍であれば、必ずしも慌てて治療することもないといえる。

しかし、良性とはいえ驚くほど大きく成長して、自壊したり機能障害の原因となる可能性は否定できない。同時に、その「できもの」はれっきとした「腫瘍」であり、特殊な場合を除いて、基本的に自然治癒することはないと考えなくてはならない。また、投薬などによる根治も期待できず、治療にあたっては大なり小なり外科的な切除が必要となる場合が多い。あるいは放置して支障のなさそうな場合には無治療で経過観察という選択をすることも少なくない。

診断アプローチ

これは皮膚に限ったことではないが、一般に腫瘍を治療するにあたっては、まずきちんと診断することが重要となる。そして良性・悪性を問わず、腫瘍の確定診断を下すためには原則として病理組織学的検査が必要となる。ここまでたびたび細胞診の重要性を指摘してきたが、これはあくまで仮診断のための第一歩であり、それだけで確定診断に達することは決して多くないことを理解しておくべきである。

そうはいっても、細胞診の結果などから判断して良性腫瘍の可能性が非常に高いならば、とくに確定診断のための検査を追加せずに経過観察とする選択肢もあるだろう。しかし、その際には診断が未確定であることを常に認識しておき、何か想定外の経過が生じた場合には、再検査を検討する必要がある。

たとえ良性腫瘍が疑われたとしても、腫瘤が一定以上のサイズであったり、境界不明瞭、深部固着などの特徴が確認された場合には、悪性の可能性も念頭において臨む必要がある。このような場合には、良性と決めつけて治療方針を検討する前に、部分生検、すなわち腫瘍組織を部分的に採取して確定診断を下すなど、より慎重なアプローチが望まれる。

筆者の場合、良性の疑いが強い腫瘍に対して確定診断を進める際には切除生検を好んで行う。これは確定診断と根治を一度に達成し得る外科手技

表2-2　良性および悪性腫瘍の特性

	良性	悪性
病巣の境界	境界明瞭でしばしば被包化	局所的に浸潤し境界不明瞭
成長のしかた	周囲組織を圧迫	浸潤により周囲組織を破壊
成長速度	緩慢	迅速
転移	なし	しばしばみられる
切除後の再発	しにくい	しやすい

である。つまり診断未確定の腫瘍に対して完全切除を狙って手術を行い，摘出した腫瘍を病理組織学的検査に提出して，あとづけで診断を確定する。一般に良性腫瘍は悪性腫瘍とは異なり，辺縁が線維性被膜で包まれて周囲組織への浸潤性が高くないため，切除範囲をさほど広く取らなくても完全切除を達成できることが多い。平たくいえば，視診あるいは触診上で確認できる腫瘤の辺縁ギリギリで切除しても良好な結果となることが多い。良性疑いの最低限の切除であれば，局所麻酔下で実施することも可能な場合すらある。

しかし切除した腫瘍は，良性の疑いが強いとしても，必ず病理組織学的検査に提出するようにしたい。本当に良性なのかどうか，そして，マージンがクリーンかどうか，すなわち腫瘍を取りきれているかどうか，組織学的に確認する必要がある。切除が不完全であれば，いかに良性腫瘍といえども再発の可能性が高い。

いきなり切るのも考えもの

もちろん，浸潤性の高い悪性腫瘍の可能性が十分に否定できないのであれば，中途半端な切除は禁物である。もし悪性であるならば，最初から徹底した広範囲な切除外科を行わないと，再発して余計に治療が困難となることが予想される。そのようなリスクを回避するために，良性腫瘍を疑う場合でも，本格的な外科手術に先立って，事前に部分生検による確定診断を行うほうが良いこともある。

そもそも，その症例にとって，本当に外科的切除が最善なのかどうか見極めることも重要である。とくに腫瘍症例は高齢であることも多いので，手術にあたって，「全身麻酔を行うリスク」と「腫瘍を切除するメリット」とを天秤にかける必要がある。

また，麻酔リスクの高くない健康な症例だとしても，もし腫瘍の発生部位が，手技的に切除困難な部位であったり，術後の合併症が危惧される部位であれば，安易に手術を勧めるわけにもいかない。

良性腫瘍は一般に進行が緩慢で，生命を脅かすことも少なく，必ずしも症例に不都合が生じるとは限らない。なかには犬皮膚組織球腫のように，腫瘍であるにもかかわらず，例外的に，切除せずとも勝手に消退するものすら存在する。本当に手術が必要なのかどうか，その適応を決定するに当たってはさまざまな要因を考慮すべきである。

2. 良性腫瘍

Key Point

良性腫瘍と診断されたら……
- 生命の危険性は低い
- 機能障害の可能性は否定しきれない
- 自然治癒は期待できない
- 内科治療での根治も期待できない
- 切除後の再発の可能性は低い

- 必要に応じて最低限の外科的切除
- 消失あるいは退縮する特殊な腫瘍もある

症例紹介　切除を必要としなかった良性腫瘍

症例7

10歳齢，雌，ミニチュア・ダックスフンド
既往歴：腹腔内の巨大な上皮系悪性腫瘍に起因する変性漏出性腹水貯留。定期的な腹水抜去のため通院中
主訴：腹水抜去のため来院。皮膚にできものがあるとのこと
皮膚科学的所見：胸骨部皮下に直径約1cmの境界明瞭な軟性の腫瘤。深部固着なし，脱毛なし（図2-19）
細胞診所見：肉眼的に無色透明な油性の液体がわずかに採取された（図2-20A）。顕微鏡下にて，よく分化した脂肪細胞の集塊が認められた（図2-20B）
仮診断：脂肪腫
治療プラン：経過観察

図2-19　胸骨部皮下の一見して目立たない脂肪腫

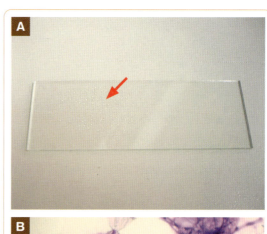

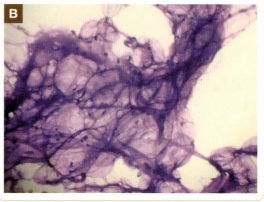

図2-20　細胞診所見
A：脂肪腫から採材して塗抹を引いた未染色スライド。キラキラした油滴状となり（矢印），なかなか乾燥しないのが特徴である。
B：メタノール固定により脂質が溶解し，細胞の「殻」が残った典型的な脂肪細胞集塊。

2. 良性腫瘍

【コメント】

　脂肪腫は脂肪細胞の良性腫瘍である。肥満動物でみられることが多いが，その発生には遺伝的な変異が関与しているとされ，多発性に生じることも多い。皮下に柔らかく触知されるが，脱毛や炎症をともなうことは少なく，よほど拡大がない限り被毛の外からは目立たない。

　細胞診による診断が容易であり，未染色塗抹の肉眼所見にて，油滴状でなかなか乾燥しないことが特徴である（**図2-20A**）。染色後はメタノール固定液により脂質が溶解し，スライド上には何も残らないように見える。よく観察することにより，分化した脂肪細胞のみが確認された場合には，診断はほぼ確定である（**図2-20B**）。

　一般に拡大は緩徐であり，動物に機能的な障害を及ぼすことがない限り，治療せずに経過観察とされる場合が多い。治療するのであれば，外科的切除が現実的な方法となる。原則として腫瘍は浸潤性に乏しく，肉眼レベルでの腫瘤（脂肪集塊）を切除することで，通常は再発なく予後良好である。しかし前述のとおり，多発傾向が認められることも多いため，新たな部位での発生には注意が必要であり，肥満個体に対しては体重の管理が勧められる。

症例8

14歳齢，雄，ミニチュア・ダックスフンド

主訴：肛門にできものがある

皮膚科学的所見：肛門周囲6時方向に，直径約1cmの境界不明瞭な腫瘤。深部固着および自壊あり。また，肛門7時方向わずかに離れた部位の皮下に，直径約1cmの境界明瞭な腫瘤あり。深部固着なし，脱毛あり（図2-21）

細胞診所見：淡い好酸性と好塩基性とが顆粒状に入り混じったような広い細胞質を特徴とする肛門周囲腺細胞が塊状またはシート状に認められた（図2-22）

鑑別診断：肛門周囲腺腫，肛門周囲腺癌

診断プラン：去勢手術とあわせて腫瘤の生検ならびに病理組織学的検査を勧めた

治療：去勢手術のみ実施（経済的理由などから腫瘤の生検は実施されなかった）

経過：その後長期にわたり来院なく，約2年後に別件で来院した際に肛門周囲腫瘤の縮小が確認されたため，良性の肛門周囲腺腫であったと考えられた

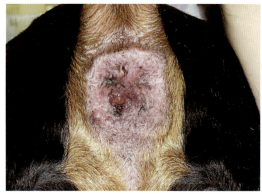

図2-21　一部自壊をともなう肛門周囲の多発性腫瘤

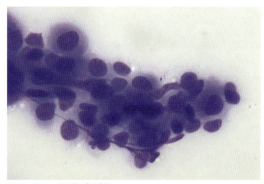

図2-22　細胞診所見
好酸性と好塩基性とが顆粒状に入り混じったような肝細胞に似た細胞質所見は，肛門周囲腺細胞の特徴である。

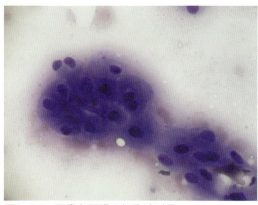

図2-23　正常な肝臓の細胞診所見
参考までに肝臓の細胞診で得られた典型的な肝細胞を示す。図2-22の肛門周囲腺細胞と比較されたい。

2. 良性腫瘍

【コメント】

　肛門周囲腺腫は本症例のように，腫瘍自体に手をつけなくても，去勢手術を実施することで縮小することが多い，ホルモン依存性の良性腫瘍である。その増殖はテストステロン刺激により活性化し，エストロジェンにより抑制を受けるとされ，高齢の未去勢雄犬に発生することが圧倒的に多い。

　完全切除により根治を目指すのが基本であるが，とくに腫瘍が大型あるいは広範に多発した場合など，肛門への影響による術後の合併症が心配されるならば，去勢手術のみ実施して退縮を期待するのも悪くないと考えられる。逆に，腫瘍のみ切除して去勢手術を行わない場合には，ホルモン刺激が持続し，新たな腫瘍が発生する可能性が高いためお勧めできない。

　肛門周囲腺は特殊化した皮脂腺の一種であり，これに由来する腫瘍は，症例13（p.76）・14（p.78）で解説する皮脂腺由来腫瘍と同様に，良性の肛門周囲腺腫，低悪性度の肛門周囲腺上皮腫，悪性の肛門周囲腺癌に分類される。腺癌に関しては必ずしもホルモン依存性ではないとされ，去勢手術に反応しないことが多く，強い浸潤と急速な増大を示す。悪性度の鑑別は，原則として肉眼的にも細胞学的にも困難である。

　肛門周囲腺は正常でも肛門括約筋の間に入り込んで存在することがあり，必ずしも深部固着が悪性を示唆する所見とはならない。また，良性・悪性を問わず自壊がしばしば認められる。

　細胞診では，あたかも肝臓から採材された正常肝細胞のような細胞質所見を呈することから，肝様腺腫（hepatoid gland adenoma）とよばれることもある（前ページ，**図2-22**，**図2-23**）。さらに，こうした特徴的な肛門周囲腺細胞に混じって，補助細胞とよばれる小型の細胞が認められることが多く，その評価としては，未分化である補助細胞の割合が多いものほど悪性傾向が高いと考えるべきである。ただし，高分化型の腺癌も少なくなく，一般に鑑別には病理組織学的検査が必要とされる。それでも，組織学的な悪性度の評価でさえ臨床的挙動とは必ずしも合致しないとされ，予後の判断には注意が必要である。

症例9

3カ月齢，雌，雑種犬

主訴：2週間前から急速に拡大したマズルの腫瘤を主訴に他院より紹介受診

皮膚科学的所見：右側口吻に直径約1cmの境界明瞭な赤色ドーム状腫瘤。深部固着なく，脱毛あり（図2-24）

細胞診所見：組織球系細胞を疑わせる独立円形細胞の均一な集団が血液成分とともに採取された（図2-25）

仮診断：犬皮膚組織球腫

治療プラン：1カ月間の経過観察。明らかに拡大する，または1カ月以内に消失しないなら，再検査または切除生検を検討することとした

経過：その後来院はなかったが，約半年後の聞き取り調査にて，来院後1カ月以内での腫瘤の消失が確認された。現在，再発はなく痕跡すら残っていないとのこと

図2-24　マズルに生じた腫瘤
皮膚組織球腫の典型的な赤色ドーム状の外観を呈している。

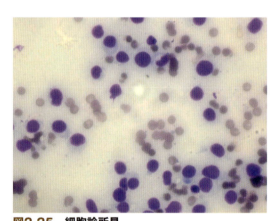

図2-25　細胞診所見
軽度の大小不同をともなって「明るい核」を有する独立円形細胞は，組織球の特徴に合致する。

2. 良性腫瘍

【コメント】

　皮膚組織球腫は犬に独特の良性腫瘍であり，主に若齢，とくに多くは1～2歳未満で発生し，1～3カ月以内に自然退縮するという，腫瘍にしては珍しい性格をもつ。主に頭部や四肢に境界明瞭なドーム状腫瘤として発生し急速な拡大を示すが，直径2cmまで達することは多くない。脱毛，紅斑は一般的であり，痛々しい「赤剥けた」腫瘤状となりがちだが，痛みや痒みをともなわないことも特徴のひとつである。

　独立円形細胞腫瘍のカテゴリーに属し，細胞どうしの接着性を欠き，その円形の細胞質境界は明瞭なことが多い。細胞質と核のいずれも軽度の大小不同を呈し，類円形の核は単球やマクロファージに似た微細顆粒状のクロマチンパターンを有する「明るい核」として観察される。異型性は強くないわりに，急速な増殖傾向を反映して，しばしば細胞分裂像が認められることも珍しくない。

　特徴的な発生状況や臨床経過などからほぼ確定的な診断を下せることが多く，高率に自然退縮が期待できるため，治療せずに経過観察とするのが一般的であろう。予想外に拡大する場合や経過が長引く場合，自傷や感染などの不都合が生じた場合には，確定診断目的の部分生検や切除生検を考慮するが，基本的に最低限のマージンで予後は良好である。

症例10

2歳齢，避妊雌，パグ

主訴：耳の中のできものが2カ月前から徐々に拡大している

皮膚科学的所見：右耳介内側面に長径約1.5 cmの境界明瞭な楕円形腫瘤（図2-26）

細胞診所見：組織球様の独立円形細胞の集塊に混じて比較的多数の小型リンパ球が認められた

仮診断：リンパ球浸潤をともなう犬皮膚組織球腫

鑑別診断：肥満細胞腫，形質細胞腫，リンパ腫，無色素性メラノーマ，皮膚組織球症，全身性組織球症，慢性（肉芽腫性）炎症

治療プラン：1カ月間の経過観察。1カ月以内に消失しない場合には切除生検を検討することとした

経過：その後しばらく来院なく，2カ月後に別件で来院した際に腫瘤の消失が確認された（図2-27）

図2-26 耳介内側面に認められた境界明瞭な腫瘤

図2-27 図2-26の2カ月後
腫瘤の自然消失が確認された。

2. 良性腫瘍

【コメント】

　最終的に腫瘍の退縮がみられ皮膚組織球腫と診断した症例であるが，やや年齢が高いこと，そして少し経過が長いことから，鑑別診断も考慮した。

　上記のとおり，鑑別診断リストに含めるべきなのは主にほかの独立円形細胞腫瘍である。肥満細胞腫の典型例は鑑別に悩むことはないが，低分化で顆粒が乏しい場合，または簡易染色の影響で顆粒が明瞭に染まらなかった場合には注意が必要となる。メラノーマの細胞は時に独立円形細胞のように見えることがあり，とくに細胞質内にメラニン顆粒をもたない低分化の無色素性メラノーマの診断には苦慮することがある。

　皮膚組織球症ならびに全身性組織球症はまれな疾患であり，腫瘍ではなく免疫系の機能異常を原因とする反応性病変であるとされている。皮膚組織球腫との細胞学的鑑別は困難であるが，多発性に皮膚に生じるものは皮膚組織球症，皮膚以外の多臓器に発生するものは全身性組織球症と考えて大きな間違いはないだろう。なお，同じく組織球系増殖性疾患として，播種性組織球性肉腫（かつて悪性組織球症とよばれていた疾患）がよく知られているが，この悪性腫瘍が若齢犬の皮膚に発生することは多くない。

　本症例のように，皮膚組織球腫にともなってしばしば小型リンパ球の浸潤が認められることがある。一般に退行期の病変でよくみられ，逆に初期病変での出現は少ないことから，この腫瘍の自然退縮に関与しているとされている。したがって，細胞診で皮膚組織球腫と仮診断され，かつ明らかなリンパ球浸潤が認められた際には，自然退縮の可能性が高いと考え，経過観察の根拠となり得る。しかし同時に，このような場合には，組織球すなわちマクロファージ様細胞とリンパ球とで構成される細胞集団という点で，慢性炎症性病変との鑑別も必要となる。

症例紹介　切除を実施した良性腫瘍

症例11

14歳齢，雄，ポメラニアン

主訴：数年前から認められていた背部のできものが拡大

皮膚科学的所見：胸背部皮下に直径約12cmの境界明瞭な軟性巨大腫瘤。深部固着なし，脱毛なし，腫瘤内部に硬結部位複数カ所あり。腋窩部に直径約3cmの軟性の皮下腫瘤。境界不明瞭であり筋固着が疑われた

細胞診所見：胸背部の巨大腫瘤では，分化した脂肪細胞集塊に加えて，類上皮化マクロファージの集塊が一部に認められた。腋窩部の腫瘤では脂肪細胞集塊のみが認められた

仮診断：脂肪織炎をともなう脂肪腫

治療：全身麻酔下にて外科的切除実施

手術所見：胸背部腫瘤は皮下に限局し，境界明瞭で切除は容易であった（**図2-28**）。腋窩部腫瘤は浅胸筋と深胸筋の筋間に存在していた。浅胸筋を切開して腫瘤にアプローチしたところ，腫瘤は明らかな周囲組織への固着なく境界明瞭であり，最低限のマージンにて腫瘤のみの切除を行った

病理組織診断：脂肪壊死をともなう脂肪腫。腫瘍の境界は明瞭

==診断：脂肪壊死をともなう脂肪腫ならびに筋間脂肪腫==

経過：術前と比べて術後には活動性の改善が認められた。約1年半経過した現在，腫瘍の再発は認められていない

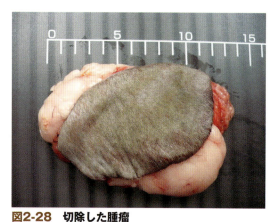

図2-28　切除した腫瘤
腫瘍によって引き伸ばされた皮膚の一部とともに，巨大な皮下の脂肪腫を切除した。

2. 良性腫瘍

【コメント】

　本症例における2カ所の脂肪腫はともに良性であったが，一方は筋間に存在したため術前には境界不明瞭に触知された。脂肪腫は，体腔内を含むあらゆる部位の脂肪組織から発生する可能性があり，本症例のように筋間に生じるものを「筋間脂肪腫」とよぶ。

　これとは別に，高分化の脂肪細胞が周囲組織に浸潤性に増殖する「浸潤性脂肪腫」とよばれるタイプも知られている。これは，疼痛ならびに筋の圧迫，萎縮などの原因となり，運動機能を障害することがある。基本的に転移することはなく生物学的には良性とされるが，浸潤，再発などの局所的な臨床挙動は，むしろ悪性腫瘍に類似する。時には断脚などの拡大切除や放射線治療など，悪性腫瘍と同等の対応が必要となることがある。

　本症例では切除手術後に活動性の改善が認められており，皮下の巨大な脂肪腫あるいは筋間脂肪腫のいずれかが歩行などに影響を及ぼしていた可能性が考えられた。脂肪腫は放置して経過観察でも問題になることの少ない良性腫瘍ではあるが，時に機能障害の原因となることがある。そのような場合には外科的切除を検討すべきであるが，とくに浸潤性脂肪腫の切除にあたっては慎重に行う必要がある。

症例12

11歳齢，雄，雑種犬

主訴：約10年前から認められていた頸部のできものが拡大

皮膚科学的所見：頸部腹側に鶏卵大の硬い有茎状腫瘤。深部固着なし，脱毛あり

細胞診所見①：細胞質が狭く核異型に乏しい上皮系細胞集塊が大量に認められた（**図2-29**）

仮診断：上皮系良性腫瘍。とくに毛芽腫（基底細胞腫）を疑う

治療プラン：飼い主が治療に積極的でないこともあり，経過観察とした。自壊するなど生活に支障があれば，外科的切除を検討することとした

経過①：約4カ月の経過でソフトボール大に拡大。自壊し出血，化膿あり（**図2-30**）。浅頸リンパ節軽度腫大あり

細胞診所見②：腫瘤の細胞診は前回同様。リンパ節の細胞診では形質細胞の増加が顕著であり，反応性過形成が疑われた

治療：全身麻酔下にて外科的切除実施

手術所見：有茎状腫瘤の基部がやや境界不明瞭であったため，念のため外頸静脈ならびに気管付近まで切除した（**図2-31**）

病理組織診断：毛芽腫（基底細胞腫）。完全切除

経過②：約1年が経過した現在，腫瘍の再発は認められていない

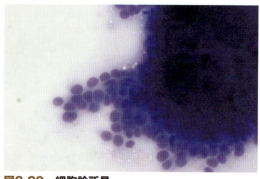

図2-29　細胞診所見

濃染核と狭い細胞質を有する小型の細胞は，毛芽腫（基底細胞腫）の典型的な特徴である。細胞どうしが密に接着し，厚みのある大きな細胞集塊として認められることが多い。

図2-30　頸部に認められた自壊をともなう有茎状腫瘤

深部固着が認められず有茎状に成長する腫瘤は，良性である場合が多い。

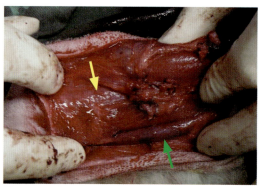

図2-31　術中所見

図2-30の腫瘤に対し，外頸静脈（緑色矢印）ならびに気管（黄色矢印）が露出するレベルまで切除を行った。良性を疑う有茎状の腫瘤ではあるが，できるだけ基部にて切除するのが基本である。

2. 良性腫瘍

【コメント】

　毛芽腫は，過去に基底細胞腫という診断名が使用されていた腫瘍である。毛芽細胞とよばれる基底細胞様細胞が由来と考えられており，細胞診では細胞質の狭い小型の細胞が主体となって観察される。細胞どうしの接着が強く，塗抹上でしばしば厚い細胞集塊を構成することも特徴のひとつである。

　頭部や頸部での発生が多く，ほとんどの場合が単発性である。拡大速度は緩慢であり，皮膚表面にドーム状に隆起するか，あるいは有茎状に増殖する。多くは数 cm 程度の大きさであるが，本症例のように 10 cm を超える大きな腫瘤を形成することもある。腫瘍の境界は明瞭で，周囲へ浸潤することはまれであり，適切な外科的切除が行われれば予後は良好である。

　基底細胞腫とは，古くから表皮（毛包，汗腺，皮脂腺などの皮膚付属器を含む）の基底層の細胞に由来する良性腫瘍であるとされてきた。しかし，1998 年の WHO 新分類の発表とともに，「基底細胞腫」という病理組織学的診断名が使用される頻度は格段に減っているはずである。新分類での「基底細胞腫」とは，扁平上皮や皮膚付属器への分化を全く示さない厳密な意味での基底細胞の腫瘍を指すものとなり，現実的にほとんど存在しないものと考えられている。過去に基底細胞腫として診断されていた腫瘍のほとんどは，ヒトの毛芽細胞系腫瘍と病理組織学的特徴が非常に類似し，「毛芽腫」と診断すべきであると認識されるようになった。ある報告によれば，猫では「毛芽腫」のほか，汗腺系分化を示す「アポクリン腺管腺腫（アポクリン汗管腺腫）」と再分類されるものも多かった。

　臨床的には，過去の慣習どおり，これらを総じて基底細胞腫とよんで良性として扱うことに何ら不都合はないものと考える。腫瘍や細胞診に関する古い成書や文献には，基底細胞腫という用語が登場すると思われるが，このような背景を頭に入れた上で解釈する必要がある。

症例13

6歳齢，雄，マルチーズ

主訴：口腔内腫瘍にて他院から紹介。別件では体表のできものについて相談を受けた

皮膚科学的所見：体幹から四肢にかけて直径5mm未満の小型の無毛性カリフラワー状腫瘤が散在（図2-32）。深部固着なし

細胞診所見：典型的な皮脂腺細胞の集塊が確認された（図2-33）

仮診断：皮脂腺腫

治療：口腔内腫瘍の生検，ならびに胃瘻チューブ設置と同時に，全身麻酔下にて生検トレパンを用いた腫瘤の切除生検を3カ所実施した

病理組織診断：いずれも完全切除された皮脂腺腫（口腔内腫瘍は扁平上皮癌と診断された）

経過：約5カ月の経過で症例が死亡するまで，切除部位における腫瘤の再発は認められなかったが，その他の部位にて新たに同様の腫瘤の多発が認められた

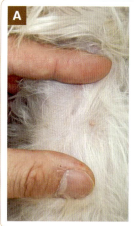

図2-32　多発した皮脂腺腫
被毛をかき分けないと見つかりづらいほど，小さな無毛性腫瘤が散在していた。多発性のカリフラワー状腫瘤は皮脂腺由来の腫瘍が最も疑われ，良性であることが多い。

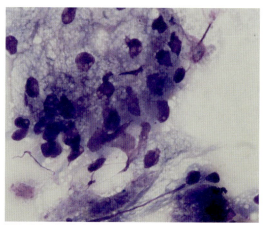

図2-33　細胞診所見
脂肪滴に由来する無数の小さな空胞の存在によって泡沫状に観察される細胞は，典型的な皮脂腺細胞と判断される。

2. 良性腫瘍

【コメント】

　皮脂腺腫（脂腺腺腫）は，とくに高齢犬に好発する皮脂腺細胞由来の良性腫瘍であり，犬では最も多く発生する皮膚腫瘍のひとつである（猫での発生は多くない）。肉眼的に無毛のドーム状または有茎状で，多くの小葉に分かれてカリフラワー状を呈するのが一般的である。多発性に生じる場合も少なくないが，個々の腫瘤は通常1cm未満で，とくに3cmを超えて大型化することはまれである。

　特徴的な外観からこの良性腫瘍を疑うことは容易であるが，ほかの悪性腫瘍などとの鑑別のために，必ず細胞学的な評価を行うべきである。典型例では，泡沫状の細胞が房状に配列する様子が観察される。この所見は，細胞質に無数の脂肪滴を含み，細胞どうしの接着が強い，皮脂腺細胞の特徴を表している。

　皮脂腺細胞に混じって，狭い好塩基性細胞質を有する小型の基底細胞様細胞が，さまざまな割合で認められる。これは補助細胞とよばれ，皮脂腺細胞に分化する元となる前駆細胞と考えられている。腫瘍内における補助細胞の割合が多いものは，皮脂腺上皮腫とよんで区別する(p.78, 症例14参照)。

　皮脂腺腫はしばしば自壊あるいは傷害による潰瘍化をともなうため，そのような場合には外科的切除による治療が必要とされる。適切に切除すれば再発は起こらないが，多発性の場合にはキリがなく，放置にて経過観察あるいはレーザー手術や凍結手術なども選択肢として考慮する。

症例14

13歳齢，雌，シー・ズー

主訴：頸部にできものがあり，掻いている

皮膚科学的所見：右頸部に脱毛，発赤，わずかな潰瘍をともなう直径約2cmの体表腫瘤あり。深部固着なし，一部カリフラワー状に突出（図2-34）。その他，体幹から四肢にかけて直径1cm以下の無毛性腫瘤が散在

細胞診所見：頸部腫瘤では，細胞質の狭い大量の小型上皮系細胞集塊に混じて，明るく泡沫状に観察される皮脂腺細胞が散在して認められた（図2-35）

仮診断：皮脂腺上皮腫

治療：全身麻酔下にて頸部腫瘤の外科的切除ならびに散在する小型腫瘤の数カ所に対して，切除生検を実施した（図2-36）

病理組織診断：皮脂腺上皮腫（頸部）ならびに皮脂腺腫

経過：約1年が経過した現在，切除部位における腫瘤の再発は認められていないが，その他の部位にて，新たにカリフラワー状の小型腫瘤が多発している

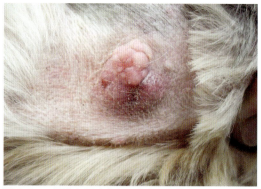

図2-34　頸部に認められた炎症と自壊をともなう体表腫瘤
部分的にカリフラワー状を呈している。

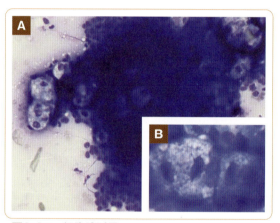

図2-35　細胞診所見
基底細胞様集塊が大半を占め，ところどころ抜けたように泡沫状の皮脂腺細胞が散在する（B：皮脂腺細胞の拡大図）。

2. 良性腫瘍

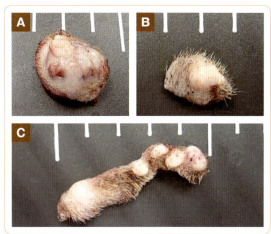

図2-36　多発した皮脂腺由来腫瘍
最低限のマージンにて外科的切除を行い，いずれも病理組織学的に完全切除と判定された。

【コメント】

　症例13の解説でも触れたが，皮脂腺上皮腫（脂腺上皮腫）とは，皮脂腺への分化を示す腫瘍のうち，未分化の補助細胞が優勢であるものを指す。皮脂腺腫と皮脂腺上皮腫との間の明確な境界基準は定められていないが，補助細胞の割合が90％以上のものを上皮腫とすることが記載されているものもある。

　前述したWHOの新分類は，皮脂腺系腫瘍に関しても大きな分類上の変化をもたらした。良性の腺腫と悪性の腺癌のみが区別されていた旧分類に対し，新分類では，良性の皮脂腺腫および皮脂腺管腺腫，低悪性度の皮脂腺上皮腫，悪性の皮脂腺癌に細分化されている。

　ここでいう低悪性度とは，すなわち良性と悪性の中間型としての位置づけである。同じ皮脂腺上皮腫と診断される腫瘍のなかにも，転移や再発を起こすものと明らかな良性経過をたどるものとが混在しており，その境界は明瞭でない。皮脂腺の特殊化したものにマイボーム腺や肛門周囲腺があるが，やはりそれぞれ良性の「腺腫」，悪性の「腺癌」に加えて，低悪性度の「上皮腫」が区別され，同様に良性と悪性の中間型という位置づけとされている。

　細胞学的には，基底細胞腫または毛芽腫（P.74，**図2-29**）と皮脂腺腫（P.76，**図2-33**）の両者の特徴をあわせもったものと考えると理解しやすい。小型の補助細胞を主体とした厚い集塊を基本として，その中に，成熟した皮脂腺細胞がさまざまな割合で混在するパターンを示す（**図2-35**）。

　一般に，肉眼像や臨床的挙動は良性の皮脂腺腫に類似し，したがって外科的切除により予後は良好な場合がほとんどであるが，ごくまれに再発やリンパ行性転移が起こることを覚えておくべきである。本書では便宜上，良性腫瘍の項目として取り扱ったものの，「潜在的悪性」として経過観察よりも切除をお勧めする。

3. 悪性腫瘍

　皮膚腫瘍の各論として解説してきた「非腫瘍性病変」ならびに「良性腫瘍」は，一次診療の現場で確実に対応したいものである。しかし，相手が「悪性腫瘍」となるとそう簡単にはいかないことも少なくない。一見，たかが皮膚のできものに見えるかもしれないが，その対処しだいでは最終的に症例の命を左右する事態も十分に起こり得る。とくに一次診療施設における初期治療は非常に重要であり，常に疾患の全体像をとらえながら，先を見越した治療方針の決定が必要となる。ここからは皮膚の悪性腫瘍の症例を取り上げてじっくり検討していきたい。

悪性腫瘍とは

　前項では，良性腫瘍の特徴を，悪性腫瘍と比較する形で簡単にお伝えした。改めて，臨床的な側面からみた悪性腫瘍と良性腫瘍の大きな違いは，「再発」と「転移」にあるといえる（p.62，**表2-2**）。

　一般に悪性度の高い腫瘍は，被膜に包まれることなく周囲組織へ浸潤性に増殖する。その境界は不明瞭であり，大きく周囲に広がっている可能性があると考えるべきである。したがって，良性腫瘍の場合と異なり，「目に見える」腫瘍のみを外科的に切除しただけでは細胞レベルの取り残しが生じることとなりかねない。とくに浸潤性の高い腫瘍では「タコ足」状に広がることも多いため，驚くほど広範囲に及ぶ切除を実施しない限り，不完全切除となることが少なくない（**図2-37**）。そして悪性腫瘍を中途半端に取り残せば，その後には高い確率で「局所再発」が待っている。

　さらに良性腫瘍にはみられない決定的な悪性腫瘍の特徴が「転移」である。周囲組織を破壊しながら浸潤性に増殖する腫瘍細胞が，付近の血管やリンパ管の中に侵入すれば，その流れに乗って全身へ拡散することは想像に難くない。リンパ流に乗ればまずは領域リンパ節（またはセンチネルリンパ節）へ，また血流に乗れば肺や肝臓，脾臓などに到達し，そこで定着した腫瘍細胞が転移巣を形成することとなる。主要臓器が腫瘍組織によって部分的に置換されたり圧迫を受けるなどすれば，その機能が損なわれ，ついには生命の維持にかかわる事態となり得る。

診断アプローチ

　これまで用いてきた筆者なりの皮膚腫瘍へのアプローチ方法のチャートを再掲し（**図2-38**），悪性腫瘍にクローズアップして解説する。

　しつこいようだが，原則として，見た目だけでは正体がわからない皮膚腫瘍に対して，まずわれわれが行うべきは細胞診である。確定診断には至らないとしても，炎症 vs 良性腫瘍 vs 悪性腫瘍，または上皮系腫瘍 vs 間葉系腫瘍 vs 独立円形細胞腫瘍など，疾患のカテゴリー分けをすることにより，診断プランならびに治療プラン検討のためのはじめの一歩となる。その結果，悪性腫瘍が疑われる，または否定しきれない場合，そこから先は慎重かつ迅速に対応すべきである。もたもたしていれば，あっという間に拡大して外科切除が難しくなるかもしれないし，遠隔転移を起こし手遅

3. 悪性腫瘍

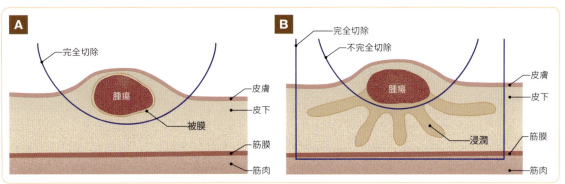

図2-37　良性腫瘍と悪性腫瘍の切除法の違い
A：良性腫瘍は被包化されていることが多く，最低限の切除でも取り残すことは少ない。
B：悪性腫瘍は細胞レベルで周囲へ浸潤するため，肉眼レベルで認識可能な腫瘤のみの切除では取り残しを生じることが多い。完全切除を期待するには広く深く切る必要がある。

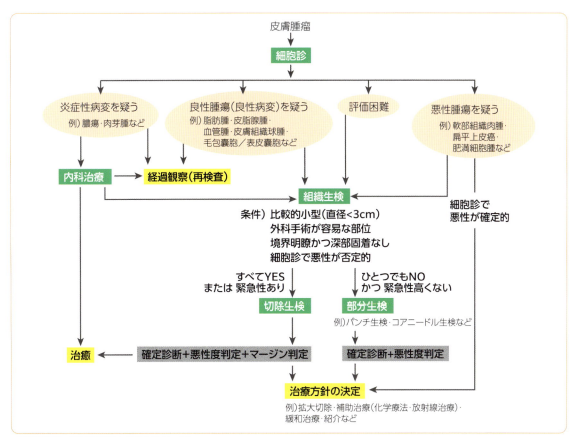

図2-38　皮膚腫瘤へのアプローチ

れとなってしまう恐れもある。

とはいえ，良性疑いの腫瘤のように，最低限の切除で慌てて治療と診断を同時に行おうとすれば再発の可能性が高くなり，その後の治療が困難となってしまう。悪性腫瘍を疑うのであれば，緊急性や経済的理由など，よほどの理由がない限り，

術前の部分生検と病理組織学的検査による確定診断ならびに悪性度や組織学的グレードの判定を実施し，敵を十分に知った上であらためて本格的な戦いに臨むのが理想である。

また，細胞診で悪性が確定的である場合，それ以上のアプローチを試みず，その時点で根治治療を諦めたり，緩和治療や二次診療施設へ紹介したりするのも選択肢のひとつかもしれない。もちろんその際には，症例の全身状態や腫瘍の臨床ステージならびに飼い主の理解度，積極性，経済状況，さらに自身の診療施設の設備や提供できる技術など，治療を左右する数々の要素を総合的に考慮した上で，十分なインフォームドコンセントのもと慎重に方針を決定すべきである。

Key Point

悪性腫瘍と診断されたら……

- 遠隔転移により生命にかかわる
- 中途半端な切除は，再発とその後の治療の複雑化をもたらす
- 外科手術だけでは対処しきれないことも多い

↓

- 初期段階で迅速かつ適切な診断と治療を心がける
- 各種治療法を併用する集学的治療を視野に入れる

病理組織診断のタイミング

外科治療と組織生検による病理診断との関係を考えた際に，大きく2つの方針に分けられる。診断（部分生検）してから治療（手術）するか，診断と同時に治療も兼ねるか（切除生検）のいずれかである（**図2-39**）。もちろん前者は，麻酔の二度手間かつ病理組織学的検査の結果を待つ時間を必要とし，後者の方法をとれば手間と時間，そして費用が節約できる。この切除生検は，良性腫瘍が疑われる場合などに有用であることが多く，浸潤性の高い悪性腫瘍に対しては原則として推奨されない。しかし，腫瘍の増殖スピードが速い，制御不能な出血や感染がある，全身状態が悪化傾向にあるなど，緊急性が高い場合にはやむを得ず選択されることもあるだろう。あるいは，飼い主が麻酔の二度手間を受け入れない場合や，経済的な負担を軽くしたいなどの理由から適用されることもあるかもしれない。また，深部固着のない小型腫瘍など，広範囲に切除することが容易な状況であれば，確定診断の前に，最初から悪性腫瘍との想定のもと大きく切除生検を行うという手もある。腫瘍の種類や悪性度にかかわらず，その後のやるべきことに違いがないのであれば，術前の組織生検にこだわる必要はないともいえる。ただし，そのような大きな手術（拡大手術）を行うことで，形態や機能の喪失ならびにその他の重大な合併症が予想される場合には，やはり可能な限り診断を確定してから手術に臨みたいものである。例えば腫瘍の局所制御のために断脚術を実施した後で「取ってみたら実は良性でした」というような状況は避けなければならない。

悪性腫瘍に対する心構えが不十分なまま安易に外科手術を行ったために，再発や転移を招いたり

3. 悪性腫瘍

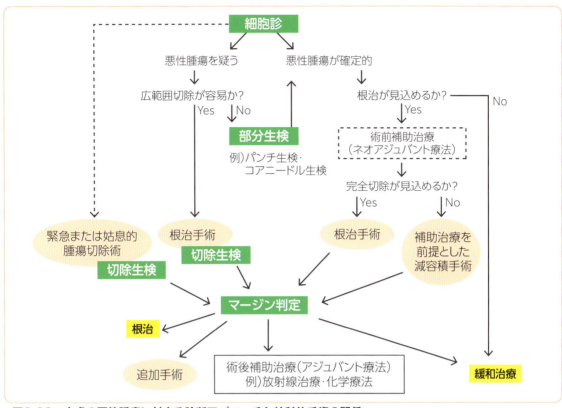

図2-39 皮膚の悪性腫瘍に対する診断アプローチと外科的手術の関係

追加手術が必要となったケース(症例15〜18)と,逆に悪性腫瘍に対する外科治療が奏効したケース(症例19〜22)について紹介する。両者のアプローチの決定的な違いは「まず敵を知る」ための最低限の努力をしたかどうかに尽きる。

Key Point
外科治療の前に考えること

- 腫瘍のカテゴリー分けは済んでいるか?(細胞診 = 最低限の努力)
- 腫瘍の確定診断や悪性度の評価は済んでいるか?(部分生検)
- その手術の目的は明確か?
  切除生検 vs 根治手術 vs 減容積手術 vs 緩和手術(対症療法)

症例紹介　切除後の再発例

症例15

9歳齢，避妊雌，ラブラドール・レトリーバー

現病歴：約1カ月前に右前肢第2指爪が化膿し，他院にて全身麻酔下で爪の部分切除を実施した

主訴：術部の化膿が持続しているとのことで転院

皮膚科学的所見：右前肢第2指の爪床が腫瘤状に拡大し化膿，爪甲の破壊と爪周囲炎が認められた（図2-40）。第3指にも爪周囲炎と爪甲の層状分裂がみられた

細胞診所見：第2指腫瘤深部のFNBにて角化上皮が採取された（図2-41）

各種検査所見：X線検査にて第2指および第3指ともに末節骨先端の骨破壊ならびに中節骨の骨膜反応が認められた（図2-42）。細菌培養・感受性試験では多剤耐性緑膿菌が検出された。真菌培養陰性。スクリーニング血液検査および甲状腺ホルモン測定結果に著変なし。抗核抗体陰性。胸部X線検査特記なし。右浅頸リンパ節細胞診特記なし

仮診断：扁平上皮癌の疑い（T4N0M0）

治療：5日間の通院消毒と抗菌薬経口投与ののち断指術実施

手術所見：第2指および第3指ともに基節骨－中節骨関節において断指術を実施した。肉眼上，深部への病変の浸潤は認められなかった

病理組織診断：第2指爪床扁平上皮癌 ならびに第3指爪内部と末節骨の慢性炎症（明らかな原因は特定されず）

補助治療：なし

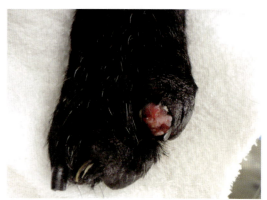

図2-40　爪床の扁平上皮癌
爪甲の破壊と爪周囲炎が認められる。

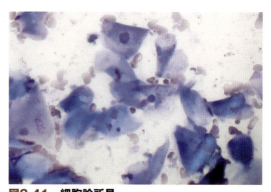

図2-41　細胞診所見
明らかな異型性は認められないものの，腫瘤深部のFNBにて角化上皮が採取されること自体異常所見と考える。

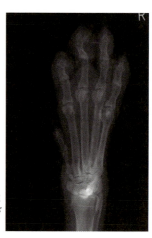

図2-42　X線所見
第2指および第3指ともに末節骨の骨破壊が認められた。

経過：短期的に術創の癒合不全を生じたものの経過良好。術後約2カ月が経過した現在，腫瘍の局所再発ならびに明らかな転移所見は認められず，日常生活の歩行に支障は生じていない

【コメント】

　皮膚の扁平上皮癌は，時に強い浸潤性を示す悪性腫瘍であるが，爪床に生じたものについては，その他の部位に発生した場合よりも進行が緩慢であることが多く，転移もまれとされている。爪に発生する腫瘍としてほかにメラノーマがよく知られているが，こちらは対照的に，爪以外の皮膚に発生したものよりも浸潤性や転移性が高く，予後が悪い場合が多い。X線上の骨融解所見に関しては，むしろ扁平上皮癌でよく認められ，メラノーマでは多くないとされている。

　本症例の細胞診では，明らかに扁平上皮癌を疑わせる細胞が採取されたわけではないが，腫瘤の深部から角化上皮が採取されること自体が異常を疑う所見である。当初は他院にて，単なる爪の化膿巣として中途半端に切除され，再発を招くこととなった。爪における原発性細菌感染は決して一般的ではないことを念頭に置き，慢性あるいは難治性の「膿んだ爪」がみられた際には必ず基礎疾患を探るべきである。

　一般に，爪疾患の診断には頭を悩ませることも多く，指あるいは爪を温存して確定診断を実施するための，特殊な爪の生検法も報告されている。本症例では，X線所見から病変が骨組織にまで及んでいることが示唆されたため，骨を温存することは治癒の妨げとなると考え，確定診断と治療とを同時に目的とした断指術の実施を決定した。なお，第3指の病変に関して，多発性の爪床扁平上皮癌は除外されたものの，原因は不明であり，今後も患肢またはほかの肢における爪疾患の発生には注意が必要と考えられる。

症例16

12歳齢，避妊雌，雑種犬

現病歴：約3カ月前に他院にて前胸部皮膚腫瘤を切除したが，その約2カ月後に再発。再手術を実施したものの，術創癒合しないまま約3週間後に再発。その後，約2週間内科治療を継続していたが急速に拡大している

主訴：2度にわたる腫瘤の再発により転院

皮膚科学的所見：右前胸部に術創癒合不全をともなう手拳大の境界不明瞭な不整形腫瘤。深部固着あり，周囲に脱毛発赤あり（図2-43）

細胞診所見：高グレードを疑わせる多数の肥満細胞に加え，背景に無数の顆粒が観察された（図2-44）

各種検査所見：左右浅頸リンパ節に重度腫大あり，細胞診にて肥満細胞による置換が確認された。腹部超音波検査にて脾臓に直径1〜2cmの低エコー性腫瘤2カ所あり（細胞診は実施せず）

診断：皮膚肥満細胞腫ステージⅢaまたはステージⅣa

診断プラン：脾臓腫瘤の経皮的FNB，全身麻酔下にてCT検査，*c-kit*遺伝子変異検査を提示したが，飼い主がこれを希望しなかった

治療プラン：プレドニゾロン経口投与を主体とした緩和治療

経過：その後来院がなく経過は追跡していない

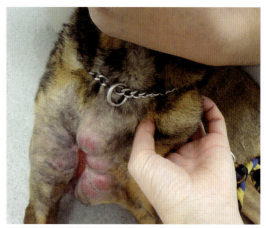

図2-43　右前胸部にみられた術後癒合不全をともなう再発性腫瘤
腫大した対側の浅頸リンパ節を把持している。

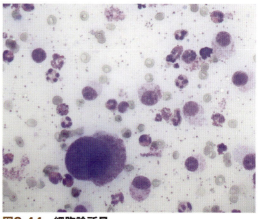

図2-44　細胞診所見
わずかな細胞質内顆粒と明瞭な核異型を有する多数の円形細胞の出現は，高グレードの肥満細胞腫を疑わせる。背景が「汚い」印象を受けるのは，無数の顆粒が放出された結果である。

3. 悪性腫瘍

【コメント】

　肥満細胞腫の不完全切除の症例である。肥満細胞腫は細胞診で確定可能な腫瘍のひとつであり，確実に術前に診断しておきたい。細胞質内にギムザ染色で紫色に染まる異染性顆粒を含む，独立円形細胞の集団が観察されれば，診断は比較的容易である。簡易染色ではこの顆粒が明瞭に染色されないことがあるため注意が必要となる。低グレードのものは，よく分化して細胞質内顆粒が明瞭であることが多く，一方で高グレードのものは，顆粒が不明瞭かつわずかであり，脱顆粒により細胞外に放出されて見られることも多い。本症例でも明瞭な核異型や，細胞質内顆粒に乏しい点などから，高グレードの可能性が濃厚である。

　来院時にはすでにリンパ節転移が認められ，さらに脾臓に転移していた可能性もあることから，根治治療の対象であったとは考えにくい。もし高グレード（Patnaikグレード Ⅲ），しかも初回手術でないならば，外科手術単独での治療は非常に困難と考える必要がある。局所の徹底的なコントロールには放射線治療が必須に近いが，地理上の問題もあり，現実的な選択肢から除外された。

　PatnaikグレードⅢの肥満細胞腫の症例では *c-kit* 遺伝子に変異を有する割合が高く，これはすなわちイマチニブなどの分子標的薬が奏効する確率が高いことにほかならない。長期の寛解は望めないかもしれないが，一時的にでも状態を改善するためには最善の手段であった可能性がある。ただし，この治療法を選択するにあたっては，常に費用面の壁を乗り越える必要があり，残念ながら本症例では行われなかった。

Memo

犬の皮膚肥満細胞腫のステージ分類とグレード分類

　肥満細胞腫には一般的な皮膚原発腫瘍のTNM分類を適用せず，独自のステージ分類が規定されている（**表1**）。ステージ分類とは，臨床病期分類，すなわち「進行度」の評価に該当する。これとは別に，肥満細胞腫では組織学的に「悪性度」を評価するためのグレード分類が知られている（**表2，3**）。なんとなくよび方は似ているが両者の性格は全く異なるものであり，混同しないようにする必要がある。

　グレード分類には古くからPatnaikの3段階分類（1984年，**表2**）が広く用いられてきたが，客観的な基準に乏しく，とくにグレードⅡにおいて病理医間の不一致率が高いことが問題視されたことから，基準を簡易化して再現性を高めたKiupelの2段階分類（2011年，**表3**）が普及するようになっている。近年の病理結果としてはPatnaik分類とKiupel分類が併用されて記載されることが多いものと思われる。これらの組み

表1　肥満細胞腫のステージ分類

ステージ	0	不完全切除された単発性腫瘍（=顕微鏡的病変）で，領域リンパ節転移なし
ステージ	Ⅰ	真皮内に限局した単発性腫瘍で，領域リンパ節転移なし
ステージ	Ⅱ	真皮内に限局した単発性腫瘍で，領域リンパ節転移あり
ステージ	Ⅲ	多発性の真皮内腫瘍または大型の浸潤性腫瘍。領域リンパ節転移の有無は問わない
ステージ	Ⅳ	遠隔転移（血液または骨髄への浸潤を含む）をともなう腫瘍
サブステージ	a	全身症状なし
サブステージ	b	全身症状あり

表2　肥満細胞腫の組織学的グレード分類（Patnaik分類）　※主な組織学的所見を抜粋

	グレードⅠ（高分化型）	グレードⅡ（中分化型）	グレードⅢ（低分化型）
悪性度	低	中	高
分布	真皮に限局	真皮深層〜皮下に浸潤もしくは置換	皮下〜深部組織を置換
細胞形態	単一	比較的多様（紡錘形，巨細胞が散在）	多形（二核，多核，巨細胞が多数）
細胞質	明瞭	多くは明瞭	不明瞭
細胞質内顆粒	中型	多くは細かい（時に大型）	細かいあるいは欠く
核分裂像	なし	まれ（高倍率視野で0〜2個）	多い（高倍率視野で3〜6個）
浮腫や壊死	わずか	広範囲	全域（出血をともなう）

合わせとして，ほとんどの場合，Patnaikグレード I /Kiupel 低グレード，Patnaik グレード II /Kiupel 低グレード，Patnaik グレード II /Kiupel 高グレード，Patnaik グレード III /Kiupel 高グレードの4段階に分類され，前2者の予後は良いとされている。

犬の皮膚肥満細胞腫の予後因子としては，グレード分類が最も重要とされており，理論的には術前に組織生検によるグレーディングを行い，治療方針の検討に役立てることが望ましい。さらに術後の病理組織学的検査によって再評価された組織学的グレードと切除縁に関する情報をもとに，その後の補助治療の方針が計画されるのが一般的である。

近年では細胞診によって組織学的グレードの推測が試みられ（**表4**），Kiupel 分類との高い一致率が報告されているため，術前のグレーディングとして組織生検は必須ではないと考えられている。

一方，ステージ分類も当然予後因子として重要視される。かいつまんでいえば，転移がない（ステージ I ）よりもリンパ節転移（ステージ II ）や遠隔転移（ステージ IV ）があるほうが，より病期が進行していると考えるべきであり，予後は悪い傾向にある。ところが，ステージ III にあたる多発性肥満細胞腫に関しては，単発性の場合と比べて生存期間に差がないなど，とくに悪い予後因子と結論つけるエビデンスに乏しく，従来のステージ分類を疑問視する声もある。とはいえ，本格的な治療に入る前にステージングを実施することの重要性は，依然として否定されるものではない。

表3　肥満細胞腫の組織学的グレード分類（Kiupel分類）

高グレード	右の4つの基準のうち1つ以上あてはまる	・高倍率10視野中に核分裂像が7個以上
		・高倍率10視野中に多核（3核以上）細胞が3個以上
低グレード	右の4つの基準にいずれもあてはまらない	・高倍率10視野中に奇怪な核が3個以上
		・腫瘍細胞のうち巨核（核直径が2倍以上）細胞が10％以上

表4　細胞学的グレード分類の例（Camus分類）

高グレード	細胞質内顆粒が乏しい	・核分裂像
	または右の4つの基準のうち2つ以上を満たす	・核の多形性
低グレード	細胞質内顆粒が乏しくない	・2核もしくはそれ以上の多核細胞
	かつ右の4つの基準のうち2つ以上を満たさない	・核の大小不同（核直径にして>50％）

症例紹介　追加手術を実施した例

症例17

8歳齢，避妊雌，雑種犬

現病歴：約1カ月前に他院にて直径約 3.5cm の側腹部の皮膚腫瘤を辺縁部切除し，病理組織学的に肥満細胞腫 Patnaik グレードⅡ不完全切除と診断された

主訴：切除した腫瘍が悪性だったとのことで紹介受診

皮膚科学的所見：左側腹部に最近の皮膚縫合痕あり。腫瘤や硬結は確認されず

各種検査所見：各種画像診断にて，左側副腎にわずかな腫大がみられるものの，その他特記なし

診断：皮膚肥満細胞腫ステージ0

治療：拡大再手術実施

手術所見：前回切除時の縫合痕から水平方向へ2cm のマージンにて，深部は外腹斜筋を可能な限り含めて切除した。術野に明らかな腫瘤や硬結は確認されなかった（図2-45）

病理組織診断：腫瘍細胞の浸潤は認められない

補助治療：なし

経過：術創の癒合は良好。術後約2年が経過した現在，腫瘍の局所再発は認められていない

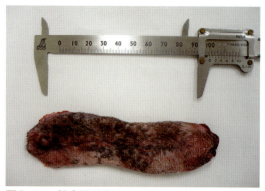

図2-45　拡大再手術
過去の手術時の縫合痕からさらに拡大切除を行った。

【コメント】

　犬の皮膚肥満細胞腫は，日常臨床において診察する機会がきわめて多い皮膚腫瘍のひとつであると同時に，しばしば不完全切除による再発を経験する，悪性腫瘍の見本のような皮膚腫瘍である。再発例に頻繁に遭遇する理由として，腫瘍自体の浸潤性が高いことも当然挙げられるが，まさか悪性腫瘍とは思えない外観をしばしば呈するため，術前に十分な検査がなされないまま安易に切除されるケースが多いことも原因のひとつと考えられる。

　本症例では，術後の病理組織学的検査で不完全切除が確認されており，そのまま放置すれば高い確率で再発が予想された。幸いにも広範囲の再手術が容易に実施可能な部位であったため，拡大再手術を実施し，完全切除が達成された。

3. 悪性腫瘍

[症例18]

8歳齢，雄，雑種犬

現病歴：約1カ月前に他院にて陰嚢に直径約4cmの腫瘤が発見され，後日陰嚢切除を実施したところ，病理組織学的に肥満細胞腫 Patnaik グレードⅡ完全切除と診断された

主訴：切除した腫瘍が悪性だったとのことで紹介受診

皮膚科学的所見：陰嚢部正中に最近の皮膚縫合痕あり。腫瘤や硬結は確認されず

各種検査所見：左右浅鼠径リンパ節群複数腫大あり，細胞診にて肥満細胞腫の転移と判断された（**図2-46**）。各種画像診断では特記なし

診断：皮膚肥満細胞腫ステージⅡa

治療：左右浅鼠径リンパ節切除（郭清）実施

手術所見：鼠径部に触知された複数のリンパ節を周囲脂肪組織とともに切除した（**図2-47**）

病理組織診断：肥満細胞腫のリンパ節転移

補助治療：プレドニゾロン隔日経口投与を10カ月間継続

経過：術後約2年が経過した現在，腫瘍の局所再発ならびに画像診断による明らかな転移所見は認められていない

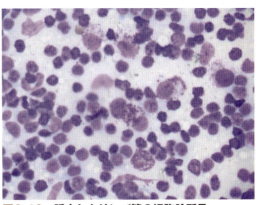

図2-46　腫大したリンパ節の細胞診所見
成熟リンパ球に混じって，細胞質内に明瞭な紫色の顆粒を有する肥満細胞が多数認められる。

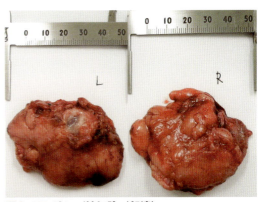

図2-47　リンパ節切除（郭清）
左右の浅鼠径リンパ節群を周囲脂肪組織とともに切除した。

【コメント】

　術前に十分な評価がなされず，術後の病理組織学的検査にて初めて悪性腫瘍と診断された例である。追加検査によりリンパ節転移が判明し，あらためて追加手術という二度手間の憂き目をみることとなった。理論上，犬でステージⅡ以上，すなわちすでに転移のある皮膚肥満細胞腫症例を根治に導くことは困難と予想される。しかし経験的には，とくに低グレードであれば，領域リンパ節転移にとどまり，これを切除することにより根治につながることも少なくない。本症例ではリンパ節の切除に加えてプレドニゾロンを一定期間投与したのみで寛解が維持されている。肥満細胞腫の転移に対する全身的な補助治療としては，狭義の抗がん剤や分子標的薬を各種選択できるほか，プレドニゾロンも立派な補助治療薬となり得るが，その作用機序については明らかでない部分も多い。

　皮膚肥満細胞腫の外科手術に際しては，可能であれば同時に領域リンパ節（理想的にはセンチネルリンパ節）の切除生検を実施して，リンパ節転移の有無を確定することが推奨されている。腫大のない，一見して正常なリンパ節であっても，病理組織学的検査の結果，「初期の」転移（次ページMemo『犬の皮膚肥満細胞腫のリンパ節転移』参照）が判明することもあるが，これを切除することに治療的な意義があるのかどうかについては明確なコンセンサスは得られていない。また，切除生検の結果，組織学的に初期の転移が発見されたとしても，低グレードであれば術後の化学療法は必要ない可能性が高いと考えられている。現状ではPatnaikグレードⅡ以上もしくはKiupel高グレードかつ触診や細胞診でリンパ節転移が明らかに疑われた場合に，治療目的でのリンパ節切除が強く推奨されると考えて良いだろう。

　なお，「リンパ節郭清」とは腫瘍からリンパ管を経てリンパ節に至るまで，周囲の脂肪組織なども含めて一括で摘出することを指すが，獣医学領域では手技が確立されておらず，一般には「領域リンパ節の切除」が実施されることが多いものと思われる。ただし，腫瘍とリンパ節が比較的近接して存在するようであれば，それぞれ別に切除するよりも一括切除することによって，真のリンパ節郭清に近い処置となり得ると考えている。

Memo

犬の皮膚肥満細胞腫のリンパ節転移

　リンパ節の細胞診全般において，正常なリンパ節にはみられないはずの細胞の存在が確認されれば，腫瘍のリンパ節転移を疑うという原則がある。ところが肥満細胞は，その比率は決して高くないにしろ，正常リンパ節の構成成分であることが知られており，存在そのものが肥満細胞腫の転移の証拠とはならない点に注意が必要である。明らかな肥満細胞の増加や集塊状の出現，または強い異型性が確認されない限り，細胞診でリンパ節転移を確定することは避け，病理組織学的検査によって判断することが推奨される。

　ただし，病理組織学的検査によってすらリンパ節転移の評価は難しい場合もあり，個々の病理医の主観によるところが大きいことが問題視されていた。2014年にWeishaarらによって客観的な基準をもとにした標準化が試みられ，現在ではその4段階のリンパ節評価法（HN分類）が普及している（**表1**）。HNとはHistological Nodeの略であり，TNM分類のNカテゴリーと混同しないように命名したとのことである。この論文ではHN0～1およびHN2～3の2群に分けて比較した際に，群間で予後に有意差が認められたとしており，HN2以上すなわちリンパ節に少なくとも肥満細胞の集塊が検出された場合を真の転移と判断すべきであるといえるだろう。

表1　肥満細胞腫のHN分類

分類		所見
HN0	転移なし	400倍視野においてリンパ洞や実質に孤在性の肥満細胞が0～3個もしくはHN1～3の基準を満たさない
HN1	前転移病変	4カ所以上の400倍視野においてリンパ洞や実質に孤在性の肥満細胞を4個以上認める
HN2	初期の転移	リンパ洞や実質に3個以上の肥満細胞の集塊もしくはリンパ洞内のシート状肥満細胞集塊
HN3	明確な転移	肥満細胞によるリンパ節の正常な組織構造の破壊

症例紹介　外科治療のみを実施した例

症例19

15歳齢，避妊雌，ミニチュア・ピンシャー

既往歴：1年前から慢性腎臓病と診断され他院にて通院治療中

主訴：脇腹にできものがあり舐めている。ホームドクターにて全身麻酔下での検査を勧められ，セカンドオピニオンを求めて来院

皮膚科学的所見：左腹部に直径約1cmの暗赤色ボタン状腫瘤（図2-48）。表面潰瘍あり，深部固着なし

細胞診所見：肉眼的に出血が多く，血液細胞，炎症細胞に混じって，核分裂像や巨大細胞の出現をともなう間葉系細胞が少数認められた（図2-49）

仮診断：間葉系悪性腫瘍を疑う

各種検査所見：軽度の高窒素血症ならびに尿比重低下あり。リンパ節の触診ならびに各種画像診断にて明らかな転移所見は検出されなかった

追加検査：局所麻酔下にて，水平マージン約5mmで切除生検実施（図2-50）

病理組織診断：真皮から皮下組織へ浸潤する血管肉腫（T3N0M0）。近接切除

補助治療：希望せず

経過：その後ホームドクターへ転院。術後約8カ月後の聞き取り調査にて，腫瘍の明らかな局所再発は認められていないとのこと

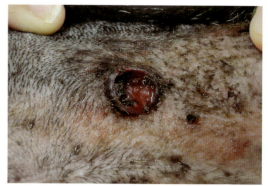

図2-48　腹部に発生した皮膚血管肉腫
表面はクレーター状に潰瘍化していた。

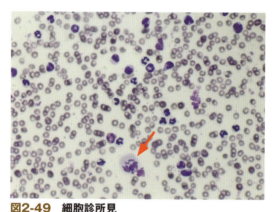

図2-49　細胞診所見
散見される核分裂像（矢印）や大型の間葉系細胞から悪性腫瘍を疑った。

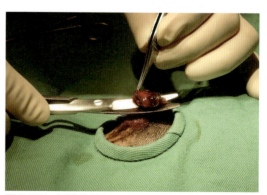

図2-50　切除生検
局所麻酔下で簡易手術を実施した。

3. 悪性腫瘍

【コメント】

　細胞診で悪性腫瘍を疑い，切除生検にて血管肉腫と確定診断された例である。一般に FNA または FNB では，間葉系腫瘍細胞は採取されにくく，その診断精度は高くない。本症例でも，一見，血液細胞や炎症細胞に混じって紡錘形細胞が少数みられるのみであり，間葉系腫瘍を強く疑わせる所見ではなかった。しかし，そこに異型性を示唆する核分裂像や巨大細胞の出現という所見が加わったことにより，飼い主に精査を勧める根拠となった。

　症例は以前より慢性腎臓病と診断されており，全身麻酔に不安を感じている飼い主の強い希望により，局所麻酔下での腫瘍切除術が選択された。当然，広範囲，長時間に及ぶ手術は不可能と考えたが，腫瘍はすでに潰瘍化しており，第一の目的を対症療法と位置づけた。なお，第二の目的は確定診断，そして第三の目的として「あわよくば完全切除」と考えた。あまり好ましいアプローチ方法とは思えないが，限られた条件の中で症例の予後と飼い主の希望や満足度の折り合いをつける苦渋の選択であったといえる。

　一次診療の現場において，脾臓や右心房に発生した血管肉腫により，血腹や心タンポナーデを呈する重症例の犬を診察する機会はまれではない。それらに比べると決して頻度は高くないように思われるが，皮膚も血管肉腫の好発部位であるとされている。皮膚の血管肉腫は，それ自体が原発である場合と，内部臓器原発腫瘍からの転移巣である場合の両者が考えられ，後者は前者よりも予後が悪いことが知られている。そのため，皮膚に血管肉腫が発見されたならば，内部臓器，とくに脾臓や心臓に腫瘤がないかどうか，念入りに検索すべきである。また，とくに真皮に限局した腫瘍は広範囲の外科的切除によって根治も十分望めるが，それに比べると皮下組織に生じた場合はより悪性度が高く，悪い経過が予想される。本症例では，病理組織学的には「一応」腫瘍は取りきれていると判断されたものの，いうまでもなく切除縁から腫瘍組織までの距離は最小限であり，今後の再発には注意が必要と考えられる。

症例20

9歳齢，去勢雄，雑種猫

主訴：3カ月前より間欠的に前肢端からの出血あり。ここ2週間は化膿している様子

皮膚科学的所見：右前肢掌球から第4, 5指間にかけて直径約1cmの黒色腫瘤あり。表面湿潤，化膿軽度，深部固着なし（図2-51）

細胞診所見：間葉系を疑わせるものの，一部上皮系のようにも見受けられる，軽度の異型性を示す細胞集塊が認められた。細胞質内にはしばしば暗緑色の顆粒を有し，核は類円形を呈していた（図2-52）

仮診断：悪性黒色腫を疑う

鑑別診断：メラノサイトーマ

各種検査所見：各種画像診断およびリンパ節の触診にて明らかな骨浸潤や転移所見は認められなかった

治療：腫瘍切除術実施

手術所見：水平マージン約2mm（掌球の一部を含む）＋浅指屈筋部分切除（図2-53）。肉眼上あるいは触診上，深部への固着は確認されなかった

病理組織診断：深部組織へ浸潤する悪性黒色腫（T3N0M0）。近接切除

補助治療：希望せず

経過：術創の癒合や正常な歩様の回復にはやや時間を要したものの，概ね経過は良好。その後来院なく，術後約8カ月後の聞き取り調査にて，腫瘍の明らかな局所再発は認められていないとのこと

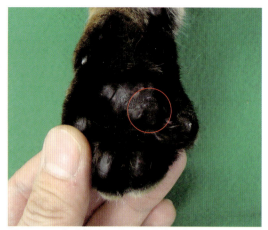

図2-51　肉球部分に生じた悪性黒色腫（黄丸）
間欠的に出血しているとのことであった。

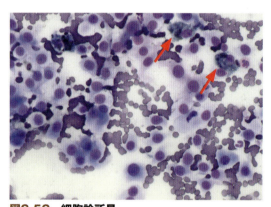

図2-52　細胞診所見
細胞質内にしばしば認められる暗緑色の顆粒（矢印）はメラニン色素と考えられる。

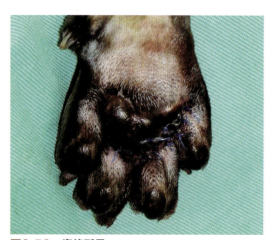

図2-53　術後所見
肉球の一部を含む腫瘍切除術を実施した。

【コメント】

　肉眼的に黒色を呈する腫瘤であり，かつ細胞診にて暗緑色のメラニン色素を有する細胞が集塊状に採取された時点で，メラノサイト腫瘍すなわち黒色腫（メラノーマ）を強く疑う。ただし，とくに低分化で悪性度の高い腫瘍細胞では，メラニン顆粒がわずか，または全く認められないことがあるため注意が必要である。個々の細胞は多形性で，上皮系，間葉系（非上皮系），時には独立円形細胞のようにも見え，さまざまな形態を示すことも特徴のひとつである。

　皮膚に発生するメラノサイト腫瘍は，犬では良性のメラノサイトーマが大部分を占めるのに対して，猫では悪性黒色腫が少なくないとされ，臨床的外観，さらには組織学的所見からも，その挙動を予測することは難しいとされている。なかには良性の挙動を示すものもあるが，悪性の可能性も十分に考えて対処するのが賢明である。切除後の局所再発やリンパ節転移，遠隔転移がしばしば認められ，補助治療として放射線治療，化学療法が実施されることもあるかもしれないが，その効果は証明されていない。

　本症例では，細胞診により悪性黒色腫を疑い，その発生部位から，確実な完全切除を狙うには断脚，少なくとも断指は免れないと考えた。そのような拡大手術も念頭に置きつつ，まずは部分生検での確定診断をお勧めしたが，飼い主が経済的にこれを受け入れなかった。もちろん減容積手術＋放射線治療のオプションも現実的な意見として受け取られなかった。相談の末，理想的なアプローチとはいい難いが，切除生検を兼ねた，大がかりにならない範囲での腫瘍切除術を実施し，「あわよくば完全切除」を狙うこととなった。術後の病理組織学的検査では，切除縁には腫瘍細胞は認められない，すなわち，少なくとも「明らかな」取り残しはないと判断された。しかし，腫瘍の浸潤性は強いとの結果であり，術後の補助治療としてカルボプラチンによる化学療法を提示したが，飼い主はこれを希望しなかった。今後の再発や転移には十分な注意が必要である。

症例21

11歳齢，雌，雑種犬

主訴：乳腺部にできものがあり拡大している

皮膚科学的所見：左側第5乳腺部に直径2.5 cmの表皮固着のある不整形皮下腫瘤が，左側第3および第4乳腺部そして右側第5乳腺部に直径1 cmに満たない複数の小型皮下腫瘤がそれぞれ認められた。これらとは別に，左側腹ひだ外側の皮膚に，直径約1 cmの腫瘤が認められた（**図2-54**）。これらすべての腫瘤において深部固着は触知されなかった

細胞診所見：側腹ひだ外側の腫瘤では，異型性の強くない肥満細胞が大量に採取された（**図2-55**）。各々の乳腺部腫瘤では，軽度の異型性をともなう上皮細胞集塊が認められた

各種検査所見：リンパ節の触診および各種画像診断にて明らかな転移所見は認められなかった

仮診断：低グレード皮膚肥満細胞腫ステージⅠaならびに悪性または良性乳腺腫瘍

治療：広範囲切除手術実施

手術所見：肥満細胞腫に対して水平マージン約2 cm＋縫工筋筋膜切除を行った（**図2-56A**）。あわせて，乳腺腫瘍については左片側乳腺切除術＋左浅鼠径リンパ節切除（郭清）＋右第5乳腺切除術を実施した（**図2-56B**）。いずれも肉眼上あるいは触診上，深部組織への固着は確認されなかった。また卵巣子宮摘出術も同時に行った。乳腺切除によって皮膚欠損が広範囲に及び，さらに肥満細胞腫の切除により左側腹ひだを用いた皮膚形成も不可能となったため，創閉鎖には難渋した。最終的に，メッシュ状の減張切開を加えることにより周囲皮膚の伸展性を高めて，なんとか術創の閉鎖に成功した（**図2-57A**）

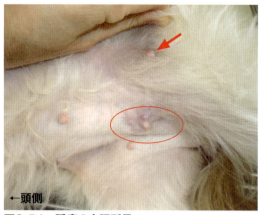

図2-54　腫瘤の肉眼所見
左側第5乳腺部の不整形皮下腫瘤（丸印）に加え，左側腹ひだ外側の皮膚に腫瘤が認められた（矢印）。

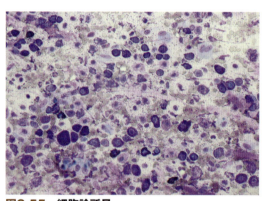

図2-55　細胞診所見
異型性の強くない肥満細胞から低グレードが予想された。

病理組織診断：完全切除された皮膚肥満細胞腫Patnaikグレード Ⅰ〜Ⅱ および完全切除された良性乳腺混合腫瘍。浅鼠径リンパ節に転移性病変なし

補助治療：なし

経過：メッシュ部分の二期癒合は良好であったが，縫合創の一部に癒合の遅延がみられた。それでも術後4週ごろにはほぼ癒合が完了した（**図2-57B**）。術後約1年半が経過した現在，腫瘍の明らかな局所再発は認められていない

3. 悪性腫瘍

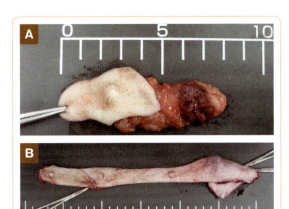

図2-56　広範囲切除術
水平マージン約2cmにて肥満細胞腫を切除（A）すると同時に左片側乳腺切除術ならびに右第5乳腺切除術（B）を実施した。

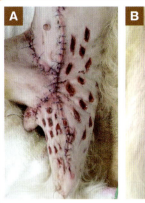

図2-57　術後の経過
メッシュ状の減張切開を加えて，なんとか術創を閉鎖し（A），4週後にはほぼ治癒した（B）。

【コメント】

乳腺腫瘍を主訴に来院したものの，思わぬ悪性腫瘍が追加発見された症例である。各々が広範囲の切除を要する手術であるとはいえ，単独の手術であれば何ら問題なかったはずであるが，欲張って同時に実施したことにより，創閉鎖に苦労することとなった。術前のプランニングが重要であることを再認識する一方で，最終的には意外と何とかなってしまうものだということを，冷や汗をかきながら実感した例となった。

肥満細胞腫は，細胞診で確定診断を下すことが可能な数少ない腫瘍のひとつである。本症例では，細胞診で診断を確定するとともに，低グレードで「おとなしい」挙動であることを予想した。積極的な外科手術により完全切除は比較的容易と考え，広範囲に及ぶ根治手術を選択した。その結果がこの有様であるが，何はともあれ，術後の病理組織学的診断でも低グレードかつ完全切除が確認され，現在のところ再発の徴候は認められず，健康な状態で日常生活を送っている。術創が完全に治癒するまでには少し時間がかかったものの，全身麻酔そして手術が一度で済んだことについては，飼い主の満足度は高かった。

[症例22]

13歳齢，未避妊雌，シー・ズー
既往歴：自壊した皮脂腺上皮腫ならびに多発性皮脂腺腫の一部を3カ月前に外科切除
主訴：新たなできものを3日前にみつけた
皮膚科学的所見：右手根部内側，第1指基部に直径約1.5 cmの境界不明瞭な腫瘤（図2-58）。深部固着あり，脱毛や発赤なし。その他，全身性に皮脂腺腫様の小型カリフラワー状腫瘤散在
細胞診所見：手根部腫瘤では，細胞質辺縁が不明瞭な紡錘形細胞の集塊が採取された。これらの細胞では大小不同が明らかであり，核の異型性所見も認められた（図2-59）
仮診断：間葉系悪性腫瘍を疑う
各種検査所見：リンパ節の触診および各種画像診断にて明らかな転移所見は認められなかった
追加検査：局所麻酔下にてパンチ生検実施
病理組織診断①：低悪性度の軟部組織肉腫（血管周皮腫）
治療：患肢温存根治手術実施
手術所見：水平マージン約1 cm＋第1指断指術＋総指伸筋部分切除（図2-60A）。肉眼上あるいは触診上，深部組織への固着は確認されなかった。周囲皮膚の伸展性が高く，創閉鎖には特殊な手技を必要としなかった（図2-60B）
病理組織診断②：低悪性度の軟部組織肉腫（血管周皮腫）（T2N0M0）。完全切除
補助治療：なし
経過：術後の歩様，術創の癒合とも一貫して良好であり，術後約10カ月が経過した現在，腫瘍の明らかな局所再発は認められていない

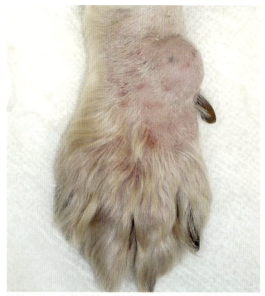

図2-58　右前肢第1指基部に生じた血管周皮腫
深部固着があり境界不明瞭であった。

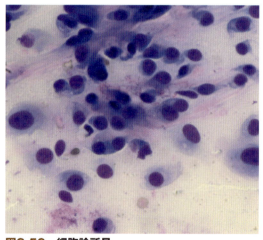

図2-59　細胞診所見
異型性をともなう紡錘形細胞の集塊は間葉系悪性腫瘍を示唆する。

3. 悪性腫瘍

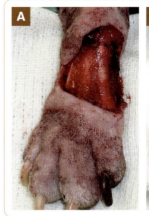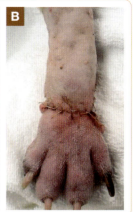

図2-60　術中所見
比較的広範囲の切除手術を実施し（A），通常の縫合により創を閉鎖した（B）。

【コメント】

　細胞診で悪性腫瘍を疑った後，部分生検にて確定診断を下すとともに，その悪性度（組織学的グレード）を確認してから，患肢温存根治手術を実施した，理想的なアプローチといえる例である。

　軟部組織肉腫とは，軟部組織に発生する間葉系（非上皮系）悪性腫瘍の総称である。本症例で診断された血管周皮腫（近年の WHO 分類の改訂により，血管周囲壁腫瘍〈perivascular wall tumor〉とよばれるようになった）はその代表格とみなされている。その他，皮膚に生じる軟部組織肉腫には，線維肉腫，粘液肉腫，脂肪肉腫などがある。これらの腫瘍はいずれも共通の特徴を有しているため，由来にかかわらず，1つの疾患グループとして扱うことが多い。その特徴の筆頭として，「局所浸潤性が強く不完全な切除では再発率が高いわりに，転移率が高くない」ことが挙げられる。したがってこれらの腫瘍を治療する上では，外科治療ならびに放射線治療による局所制御が最も重要となる。適切な手術で完全切除が達成されれば，それだけで十分に根治を期待できる悪性腫瘍といえる。

　血管周皮腫は，犬に発生する腫瘍であり，猫では知られていない。四肢に好発するため，広範囲の切除が物理的に不可能なことが多く，そのため再発率が高い腫瘍として知られている。たび重なる再発のため最終的に断脚術が選択されることもあるかもしれない。本症例では，術前の生検で悪性度がそこまで高くないことが判明していたからこそ，中途半端な腫瘍切除術や断脚という究極的な方法ではなく，患肢温存根治手術を自信をもってお勧めできた。水平マージンは十分に確保できたとはいえないものの，深部に関しては総指伸筋の一部を切除することでバリアーとして利用し，完全切除に成功した。指の運動には障害が残っている可能性があるが，もともと指先を器用に使う動物ではないだけに，日常生活に何ら支障はない様子である。もちろん術前のインフォームドコンセントは重要であるが，許容できる範囲の機能的損失であれば，過剰に恐れる必要はないものと考える。

Memo
軟部組織肉腫の手術計画

　軟部組織肉腫の完全切除を目指すためには，一般に3cm程度の広い水平マージンと筋膜1枚の深部マージンが推奨されてきた。しかし，とくに低グレードの軟部組織肉腫では，強い局所浸潤が確認される症例は決して多くなく，さらにたとえ不完全切除であっても再発率がさほど高くないことなどが示され，切除の完全性は予後因子とはならないと考えられるようになった。近年では，再建が困難な部位に生じた低グレードの軟部組織肉腫に対しては，深部マージンこそ従来どおり筋膜1枚を基本としながらも，水平マージンは腫瘍辺縁部にとどめる最低限の切除が適用されることも増えており，実際それで根治に至るケースも少なくないようである。もちろん再建に支障のない範囲で可能な限り広いマージンでの切除を心がけることに加え，とくに病理結果が不完全切除で返ってきた場合には，より積極的な局所制御のために術後放射線による補助治療の実施を考慮すべきであろう。

悪性腫瘍に対する化学療法

さて，外科手術で取りきれない腫瘍や，局所にとどまらず転移が疑われる腫瘍に対してはどうするか。このような外科治療の限界を超えた腫瘍に対し，われわれが採り得る手段として，放射線治療や化学療法が有効となる可能性がある。

本書はあくまで一次診療でのプラクティスを意識しているため，放射線治療の詳細は割愛し，主に化学療法について解説することとしたい。一般的な抗がん剤の特性や適応，使用上の注意などは専門書に譲ることとして，ここでは，実際の皮膚腫瘍の診療の流れに沿って考え方をお伝えする。

薬が効くがん，効かないがん

「外科治療の限界を補う治療法」と聞くと過度な期待を抱いてしまいがちであるが，もちろん化学療法も万能ではない。たしかに，完全切除が不可能または困難な悪性腫瘍の治療の一環として，「苦肉の策」的に抗がん剤が使用されることも少なくない。

しかし，そもそも化学療法が有効であることが，高いエビデンスレベルのもとで証明されている腫瘍は決して多くない。なかには，抗がん剤に対する感受性が高いものもあるが，とくに皮膚に生じた固形腫瘍に関していえば，抗がん剤が奏効するケースは残念なほど少ないのである。

また一方で，腫瘍の細胞数が多ければ，一般に化学療法の効果は大きく期待できない。臨床的あるいは画像診断学的な腫瘍の検出限界は 10^9 個，すなわち「10億個」の腫瘍細胞塊（これは重さにして約1gに相当する）とされている。注意深い身体検査や，偶然の画像診断所見から，ようやく発見されたごく小さな腫瘍であっても，これだけ膨大な数の腫瘍細胞の塊なのである。「億」単位が相手では，やっつけきることは容易ではないことは想像がつくだろう。

それでは，現実的に化学療法の効果が期待できるのはどのような場合が考えられるか。答えは，細胞数が臨床的な検出限界未満であるもの，すなわち，顕微鏡的病変に限られる。逆にいえば，臨床的に確認可能な固形腫瘍については，リンパ腫など，化学療法に対する感受性がきわめて高いものを除いて，抗がん剤単独で根治に導くことはまず不可能と考えるのが原則である。

術後補助治療と術前補助治療

顕微鏡的病変とは，大雑把にいえば，病理組織学的検査でなければ検出できない腫瘍のことである。つまり，外科手術あるいは切除生検によって肉眼的に認識し得る腫瘍を切除した後に，病理組織学的検査において，切除縁に腫瘍細胞の取り残しが確認された場合がこれにあたる。いい換えれば，外科的切除と病理組織学的検査を経て初めて顕微鏡的病変へのアプローチが可能となるのである。

というわけで，固形腫瘍に対して抗がん剤の効果を最大限に引き出そうと考えるならば，まずは少なくとも目に見える腫瘍塊を切除する必要がある。つまり，これが減容積手術と術後化学療法のコンビネーションという考え方となる。

逆に，巨大な腫瘍などのケースで，どうしても肉眼病変のすべてを切除することができず，泣く泣く腫瘍内切除を実施する場合があるとする。こうした手術の後に，いくら積極的な化学療法を行ったとしても，根治は困難と考えざるを得ない。この場合の手術目的は，対症効果を期待する緩和手術という位置づけとなる。

一方，このような状況下でのもうひとつのアプローチとして，手術に先立って化学療法を実施する，術前補助治療（ネオアジュバント療法）とい

表2-3　皮膚の固形腫瘍に対する化学療法の適応例

・高悪性度または転移率の高い腫瘍	全身治療
・病理組織学的に脈管浸潤が認められた場合	
・リンパ節転移が認められた場合（リンパ節切除とともに）	
・不完全切除に対する術後補助治療として	局所治療*
・術前補助治療（ネオアジュバント療法）として	

＊放射線治療の感受性に乏しい，または，放射線治療を利用できない場合

う方法が採られることもある。最初から化学療法単独で根治を目指そうとは考えず，ひとまず少しでも腫瘍を縮小させる目的で抗がん剤を使用し，その上で外科的に完全切除を狙う方法である。とくに抗がん剤に対する感受性が高い種類の固形腫瘍であれば，このような選択肢も考慮に値する。

化学療法の真価

そもそも化学療法は，その全身への副作用と限られた局所制御効果を考えた場合に，局所病変のコントロール向きの治療法とはとてもいえない。局所治療を目的とするのであれば，安易に化学療法に飛びつくよりも，可能な限り放射線治療を選択すべきである。放射線治療については，第1章『総論』（p.37）で概略を説明したので参考にしてもらいたい。

ただ，放射線治療ではカバーし得ない，化学療法が真価を発揮する場面があることも事実である。それは転移や多発性病変に対する治療効果，すなわち全身治療としての効果である。

術後の病理組織学的検査により脈管浸潤が確認された場合には，たとえその時点で検出され得る転移巣がなかったとしても，すでに全身への転移が始まっていても不思議はないと考えるべきである。この段階でのさらなる積極的な治療として，細胞レベルの転移腫瘍を叩くことを考慮する。先ほど同様，ここでも化学療法は，腫瘍の細胞数が少ないうち，目に見えないうちのほうが効果的である。

また，すでにリンパ節転移が生じている腫瘍に対しては，リンパ節切除または郭清という形で，まず肉眼病変をやっつけてから，リンパ管などに残っているであろう腫瘍細胞を標的とした化学療法を開始すべきである。さらに，病理組織学的に高悪性度の腫瘍，または疫学的に転移率の高い腫瘍に対しては，転移の証拠があろうとなかろうと，予防的に化学療法の実施を検討すべきかもしれない。

以上の解説をもとに，皮膚の固形腫瘍に化学療法を適応するシーンを**表2-3**にまとめた。もちろん，抗がん剤の使用にあたっては，治療対象とする腫瘍に効果があるとされている薬剤を選択する必要がある。加えて，全身治療ゆえの重大な副作用を考慮することも不可欠であり，その適用については慎重に検討しなくてはならない。

「分子標的薬」とは

ここまで解説してきた化学療法とは，いわゆる狭義の抗がん剤（殺細胞性抗がん剤）についてであったが，一方で近年の腫瘍科診療においては，全身薬物療法として分子標的薬や免疫チェックポイント阻害剤の進歩がめざましく，これらを広義の抗がん剤と分類することもある。なかでも分子標的薬に関しては，国内の獣医学領域においても

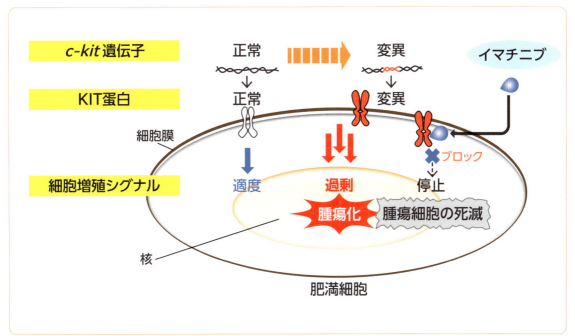

図2-61　肥満細胞腫に対するイマチニブの作用機序

すでに市民権を得た治療薬であるといえるだろう。まずはその作用機序について，肥満細胞腫などの治療に用いられるチロシンキナーゼ阻害剤であるメシル酸イマチニブ（以下，イマチニブ）を例にごく簡単に説明する。

肥満細胞には，細胞の増殖をスタートさせるシグナルを発信する KIT とよばれるチロシンキナーゼ蛋白が発現している。犬や猫の肥満細胞腫では，この KIT をコードする c-kit 遺伝子に変異が生じた結果，発現した異常な KIT から過剰なシグナル発信がなされ，細胞の異常増殖すなわち腫瘍化の原因となる場合が知られている。イマチニブは，このような変異により特定の分子構造の変化を呈した KIT 蛋白にぴったり結合して，その異常シグナルの発信をブロックするチロシンキナーゼ阻害剤として作用する（図2-61）。分子レベルの特異的結合を可能とするために，コンピュータデザインと有機合成化学を駆使して精巧に作り上げられた次世代治療薬といえる。

腫瘍科領域における分子標的薬とは，このように腫瘍細胞の増殖や転移にかかわる特異的な分子の作用を阻害することで，治療効果を発揮する薬剤をいう。従来の抗がん剤による絨毯爆撃的な作用とは異なり，より腫瘍細胞の狙い撃ちに長け，正常細胞の障害および副作用のリスクを一般に低減させることが期待できる。また，狭義の抗がん剤と比較して肉眼病変を縮小させる効果も期待できることが多く，外科手術との併用において，術前および術後の補助治療としての使用も十分考慮に値する。

「歴史的に新しい薬剤であること」「研究開発コストが高いこと」などから，どうしても薬価が高いものが多いが，イマチニブについては，現在では国内のジェネリック医薬品が利用可能となり，安価なものだと先発品の約1/10の薬価にて処方が可能となっている。

犬の皮膚肥満細胞腫に対して国内で承認薬が販売されているリン酸トセラニブ（以下，トセラニブ）は，同じ分子標的薬のカテゴリーの中でもやや特異性の低いマルチキナーゼ阻害剤とよばれ，イマチニブ同様KIT蛋白をブロックするほかにも，血小板由来成長因子受容体（PDGFR）や血管内皮増殖因子受容体（VEGFR-2）など複数のチロシンキナーゼに作用する。PDGFRやVEGFR-2は血管新生の促進に関与しているため，その活性を阻害することにより腫瘍の増殖にかかわる新生栄養血管が減少し，いわば腫瘍を兵糧攻めにして縮小させる，あるいは増大させずに維持する効果が期待できる。当初の研究では肥満細胞腫以外にも，軟部組織肉腫，扁平上皮癌，メラノーマなど各種の腫瘍に臨床的有用性（少なくとも進行抑制効果）が認められたとされたが，その後の報告では有効性に関して否定的なものも少なくなく，決して万能薬ではないと考えるべきである。また，チロシンキナーゼによるシグナル伝達は多くの正常細胞の機能に重要な役割を果たしていることから，とくにマルチキナーゼ阻害剤の使用においては，従来の抗がん剤とは異なる広範囲の有害事象が発現する可能性があり，予測が比較的困難である点には注意が必要である。

Key Point

抗がん剤を使用する前に考えること

- 肉眼サイズの腫瘍を抗がん剤単独で根治させることは，原則として不可能
- 取れるものなら，しっかり外科治療で取るのが基本
- 化学療法実施前に，少なくとも肉眼レベルの腫瘍を切除する
- 局所制御には，化学療法よりもできれば放射線治療
- 化学療法の主な適応は転移に対する全身治療

3. 悪性腫瘍

症例紹介　外科治療と化学療法の併用例

症例23

8歳齢，雄，雑種犬

主訴：トリミング中に右前肢のできものを指摘された

皮膚科学的所見：右肘外側に径約2.5 cmの軟性の皮膚腫瘤（図2-62）。深部固着なし。脱毛なし

細胞診所見：多数の好酸球の出現をともなって，比較的異型性の乏しい肥満細胞が大量に認められた（図2-63）

各種検査所見：身体検査，画像診断，細胞診などにより，リンパ節転移ならびに遠隔転移は検出されず

仮診断：皮膚肥満細胞腫ステージⅠa

追加検査：鎮静下にてパンチ生検実施

病理組織診断①：皮下肥満細胞腫（グレード分類適用不可）。腫瘍細胞の分化度は高いものの深部組織への浸潤あり

治療：患肢温存根治手術実施

手術所見：水平マージン約2 cm＋前腕筋膜部分切除＋橈側皮静脈部分切除（図2-64A）。肉眼上あるいは触診上，深部組織への固着は確認されなかった。肩甲前部からのV-Y形成術＋肘ひだを利用した回転皮弁により術創を閉鎖した（図2-64B）

病理組織診断②：皮膚肥満細胞腫 Patnaik グレードⅡ。近接切除

補助治療：ビンブラスチン-プレドニゾロンプロトコールによる12週間の化学療法を計画

経過：術後の歩様，術創の癒合とも一貫して良好。

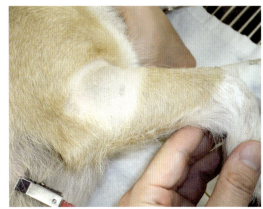

図2-62　右肘外側に生じた肥満細胞腫

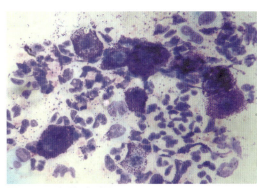

図2-63　細胞診所見
比較的異型性の乏しい肥満細胞と多数の好酸球が認められた。

術後約3週間後に抜糸とともに化学療法を開始した。プロトコール終了時点で腫瘍の再発を認めず，治療終了とした。術後約1年が経過した現在，腫瘍の明らかな局所再発，ならびに転移の徴候は確認されていない

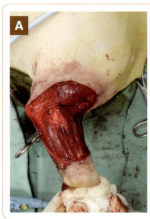

図2-64　患肢温存根治手術
軽度の皮膚形成手技を用いて術創を閉鎖した。

【コメント】

　肥満細胞腫は細胞診で確定診断可能な腫瘍であるが，本症例では術前に組織生検を追加実施した。病理組織学的検査の結果によっては，断脚術の是非を含めて，治療方針が大きく変化することも考えられたためである。ただし，皮膚肥満細胞腫の部分生検は持続性出血や脱顆粒によるダリエ徴候などの合併症のリスクをともなうことに加え，Patnaik グレードⅡ/Kiupel 高グレードなどに対して過小評価される可能性があるとされる。とくに近年では細胞診による精度の高いグレード分類が一般化されたことで，米国の腫瘍科医と病理医によるワーキンググループの提言において術前評価には組織生検よりもむしろ細胞診が推奨されている。

　部分生検の時点では皮下肥満細胞腫が疑われ，最終的な病理組織診断では皮膚肥満細胞腫とされた。皮下肥満細胞腫はPatnaik グレードの適用外であるが，低グレードの皮膚肥満細胞腫と同程度の予後の良いケースが多いことが知られている。本症例では深部組織への浸潤が強いとの判断であったものの，結局は，断脚を避けたい飼い主の希望が強かったため，患肢を温存した根治手術が選択された。しかしこの時点ですでに，術後の補助治療が必要となる可能性も提示してあった。

　術後の病理組織学的検査では「作成した標本上では明らかな腫瘍細胞の取り残しは認められないものの，マージンは最小限」とのコメントが得られ，飼い主との相談の末，補助治療を実施することとした。このような病理結果の場合，「ギリギリだけど完全切除が達成できた！」ととらえるよりも，「一応取りきれたようだが，マージンに余裕がないので油断できないぞ…」と気を引き締めるべきである。

　Patnaik グレードⅠまたはⅡ/Kiupel 低グレードの肥満細胞腫に対する一般的な治療方針に従えば，外科的に完全に切除できれば「補助治療の必要なし」，不完全切除であれば「追加切除を行うか，補助的に放射線治療を実施して局所制御を強化する」のがベストである。一方，Patnaik グレードⅢ/Kiupel 高グレードであれば，転移の可能性を十分に考慮して，化学療法による全身治療を追加する（**図2-65**）。

　本症例における化学療法は，あくまで，現実

3. 悪性腫瘍

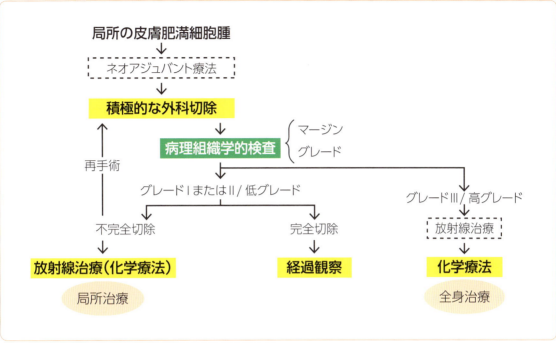

図2-65　転移のない皮膚肥満細胞腫の治療方針の例

的に実施困難な放射線治療の代わりに選択された局所治療である。肥満細胞腫は比較的抗がん剤に対する感受性が高く，局所治療としての化学療法の効果もある程度期待できる。適用可能な薬剤として，ビンブラスチン，ロムスチン，プレドニゾロンなどが知られている。イマチニブやトセラニブの使用も考慮に値するが，これらの分子標的薬は，むしろ再発時の肉眼病変に対しても効果が期待でき，かつ薬剤耐性を生じることが少なくない
ため，筆者は術後補助治療には用いずに温存しておくことが多い。

症例24

6歳齢，雌，ビーグル

主訴：半年前に発見した左後肢のできものが最近2カ月で急速に拡大しているとのことで，紹介受診

皮膚科学的所見：左膝関節前内側を中心に巨大な腫瘤（図2-66）。炎症強く自壊あり。肢端浮腫重度

細胞診所見：細胞数は多くないものの，大小不同の間葉系細胞が集塊状に採取された（図2-67）

各種検査所見：体表リンパ節腫大なし。画像診断上，腹部臓器ならびに肺野に特記なし。左第5乳腺部皮下に母指頭大腫瘤あり，細胞診にて異型性の高くない乳腺腫瘍を疑う

仮診断：軟部組織肉腫（T4N0M0）＋乳腺腫瘍

CT検査：大腿内側の軟部組織に主座する巨大腫瘤（図2-68）。腫瘤には造影剤による増強効果が軽度に認められ，股関節付近まで浸潤が疑われた。骨および骨盤腔内に著変認めず

治療：左後肢断脚術実施

手術所見：左股関節離断により断脚術実施（図2-69）。肉眼的に腫瘤本体の切除は可能であったが，大腿内側から骨盤方向への腫瘍の浸潤が強く疑われた。あわせて左第5局所乳腺摘出術ならびに左浅鼠径リンパ節切除（郭清）を実施した

病理組織診断：高悪性度の軟部組織肉腫。近接切除。鼠径リンパ節に腫瘍性病変なし（乳腺は低悪性度の乳腺癌。完全切除）

補助治療：ドキソルビシン単剤による3週間ごとの化学療法を計画

経過：術後は術前よりも活動性が増し，術後数日で三肢による良好な歩行が確認された。術創の癒合は順調であり，術後約2週間後に抜糸とともに

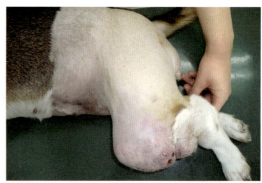

図2-66　左後肢内側を中心とした巨大な軟部組織肉腫
最近2カ月で急速に増大し，自壊をともなっていた。

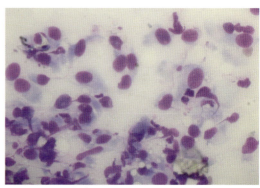

図2-67　細胞診所見
大小不同の紡錘形細胞の集塊から肉腫を疑った。

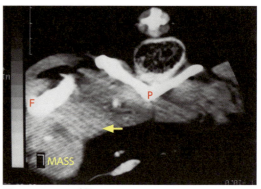

図2-68　CT所見
腫瘤（MASS）は大腿内側の軟部組織に主座し，大腿骨（F）や骨盤（P）への骨浸潤はみられなかったが，骨盤方向への軟部組織浸潤が疑われた（矢印）。

化学療法を開始し，目立った副作用もなく良好に経過した。しかし，術後約3カ月の時点で，左側骨盤部に腫瘤の再発および腰下リンパ節転移が発

3. 悪性腫瘍

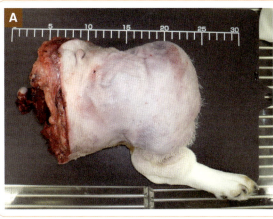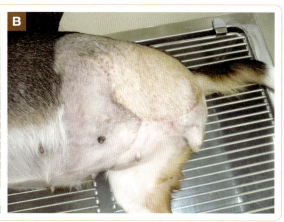

図2-69　左後肢断脚術
A：股関節離断により断脚術を実施した。
B：術後の歩様，術創癒合ともに良好であった。

見された。以降，化学療法を中止し，緩和治療に移行した。腫瘍の再発確認から約3週間後，腰椎転移とともに疼痛制御が困難となり安楽死処置が施された

【コメント】
　断脚術のような重大な拡大手術を選択する際の原則的なアプローチとしては，部分生検および病理組織学的検査によって，術前に悪性腫瘍を確定するのが妥当である。ただし本症例では，断脚術以外の解決策が考えにくい上，進行速度が速かったことから，確定診断のステップを飛び越して外科手術を急いだ。
　臨床的特徴から高い悪性度が疑われ，たとえ断脚術を実施しても，再発，転移は否定できないと考え，補助治療の必要性を想定した。術後の病理組織学的検査結果待ちではあったものの，この時点での手術の主な目的としては，あくまでQOLの上昇すなわち緩和治療と位置づけ，あわよくば根治を期待するというスタンスで飼い主の同意を得た。骨盤切除術などのさらなる拡大手術や放射線治療のオプションも提示したが，飼い主はこれらの手段を希望しなかった。
　軟部組織肉腫に対する化学療法としては，ドキソルビシン単剤投与のほか，ミトキサントロン，ACプロトコール（ドキソルビシン＋シクロホスファミド）などが選択される。また，シクロホスファミドまたはクロラムブシルによるメトロノーム療法やトセラニブの効果が期待できるとする報告もある。ただし，いずれも現時点で確立された標準治療とはいえない治療法と考えるべきである。
　本症例における化学療法は，辺縁部切除に続くダメ押しの意味での局所治療であるとともに，高悪性度腫瘍に対する全身治療の意味合いも含めて実施された。結果的には，根治に導くだけの効果はみられなかったこととなるが，再発や転移の時期を多少なりとも遅らせる効果は得られた可能性もある。短い期間にすぎなかったが，飼い主は断脚後のQOLの上昇には満足した様子であった。

Memo

メトロノーム療法（metronomic chemotherapy）

メトロノーム療法（メトロノミック化学療法，**図1**）とは，最大耐用量による通常使用と比べてごく低用量かつ短い間隔で，長期にわたり休薬期間を設けることなく抗がん剤を反復投与する治療法であり，メトロノームが拍子を刻むかのごとく投薬を積み重ねていく．こうした投与法により，健常細胞に対する毒性を最小限にとどめつつ，腫瘍細胞自体に対する殺細胞効果ではなく，腫瘍の微小環境を調整する効果が発揮され，とくに血管新生を阻害することで腫瘍の増殖抑制に役立つとされている．腫瘍の縮小よりも，「拡大（進行）しないこと」を主な目標とするため，がん休眠療法とよばれることもある．最も一般的に知られている方法として，シクロホスファミドまたはクロラムブシルの1日1回もしくは2日に1回の経口投与（いずれもNSAIDsと併用）が挙げられる．軟部組織肉腫のほか，血管肉腫，移行上皮癌，骨肉腫などに対する使用が知られているが，最近では効果に否定的な報告も少なくない．

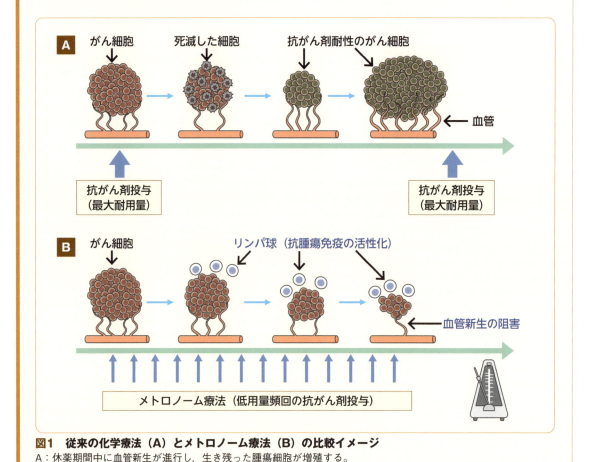

図1　従来の化学療法（A）とメトロノーム療法（B）の比較イメージ
A：休薬期間中に血管新生が進行し，生き残った腫瘍細胞が増殖する．
B：持続的な投薬により血管新生を阻害して腫瘍の増殖を抑えつつ，制御性T細胞（Treg）の抑制などを通じて腫瘍の縮小も期待される．

症例紹介　分子標的治療を実施した症例

症例25

13歳齢，去勢雄，雑種犬
主訴：頸部のできものに気づいた
身体検査所見：左下顎リンパ節の不整形腫大，径約5cm（図2-70）
細胞診所見：成熟リンパ球，形質細胞とともに，大小不同および核の異型性をともなって，細胞質内に比較的細かな顆粒を有する肥満細胞が大量に採取された．同時に多数の好酸球浸潤が認められた（図2-71）
仮診断：肥満細胞腫のリンパ節転移
各種検査所見：詳細な身体検査を行ったが，下顎リンパ節の支配領域に肥満細胞腫の原発巣を発見することはできなかった．身体検査，画像診断，細胞診などにより，その他のリンパ節転移ならびに遠隔転移は検出されず
追加検査：c-kit 遺伝子変異検査陽性．全身麻酔下にて下顎リンパ節切除生検実施（図2-72）
病理組織診断：肥満細胞腫のリンパ節転移．異型性は軽度から中等度
治療①：プレドニゾロンによる全身治療を開始するとともに，イマチニブによる分子標的療法を計画
経過①：生検から約1カ月後に反対側の右下顎リンパ節に腫大を認め，細胞診にて肥満細胞腫のリンパ節転移と診断された．ステロイド療法を継続したが改善なく，リンパ節は径約4.5 cmにまで拡大した
治療②：イマチニブによる分子標的療法を追加
経過②：イマチニブ開始後数日の経過にて，腫大

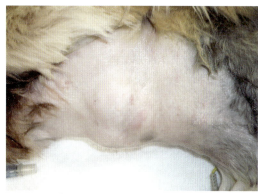

図2-70　左下顎に発見された不整形の皮下腫瘤
触診により下顎リンパ節であると思われた．

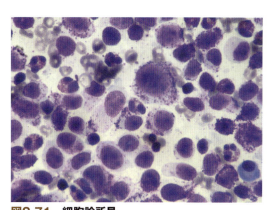

図2-71　細胞診所見
肥満細胞腫のリンパ節転移が疑われたが，この時点では原発巣が発見できなかった．

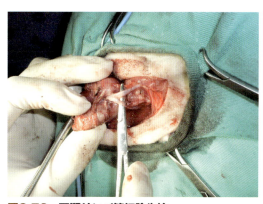

図2-72　下顎リンパ節切除生検
肥満細胞腫のリンパ節転移と確定診断した．

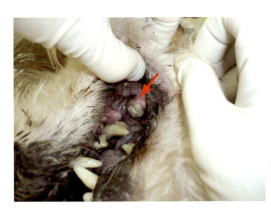

図2-73 口唇粘膜病変
口唇粘膜に肥満細胞腫が発見され（矢印），これが原発巣であったと考えられた。

リンパ節に縮小がみられ，その後約1カ月の間に径約2cmまでの縮小が確認された。しかし，そのさらに約1カ月後には，イマチニブを継続したにもかかわらず，再び左下顎リンパ節領域に径約4cmの腫瘤が認められ，同時に左口唇粘膜に径約1.5cmの腫瘤が発見された（**図2-73**）。これらはともに細胞診にて肥満細胞腫と判断された。その後約1カ月の間に，腫瘤のサイズに大きな変化はなかったものの，食欲低下および削痩が進行し，来院がみられなくなった

【コメント】

厳密には皮膚腫瘍ではないが，体表腫瘤を主訴に来院した症例で，おそらく，口腔粘膜原発の肥満細胞腫とそのリンパ節転移であったものと思われる。粘膜に発生した肥満細胞腫は転移率が高く，予後が悪いとされている。原発巣は転移巣よりもサイズが大きいのが一般的であるが，その逆もあり得るため注意が必要である。

当初は原発巣がどこにも発見できなかった以上，本症例の病態を，局所制御が不可能で，なおかつ，すでに転移を生じている肥満細胞腫として扱った。局所治療と全身治療の効果を同時に期待し得る治療法として分子標的療法を提案した。

c-kit とは前述のとおりKIT蛋白をコードする遺伝子を指す。そして *c-kit* 遺伝子変異検査陽性との結果は，肥満細胞腫発生の原因となるKIT蛋白の変異が存在することにほかならない（p.105，**図2-61**）。

一般に肥満細胞腫のグレードが高いほど，*c-kit* 遺伝子変異が認められる割合も高いとされている。さらにイマチニブは，この変異を有する症例でとくに奏効率が高いことが判明している。よって本症例でも，分子標的療法を選択する根拠は十分と考えた。

イマチニブは当初，劇的な効果を示したかに思えたが，完全寛解に至ることはなく早期に再燃が認められた。残念ながら，犬の肥満細胞腫においてイマチニブの効果が短期間で失われてしまうケースは決して少なくない。

ヒトでは，イマチニブの適応となる消化管間質腫瘍（GIST）や慢性骨髄性白血病において，*c-kit* 遺伝子のさらなる突然変異に起因するイマチニブ耐性が報告されている。犬でも同様の薬剤耐性獲得メカニズムが存在することが知られている。

Memo

肥満細胞腫とc-kit遺伝子変異

　肥満細胞腫の発生に対するc-kit遺伝子変異ならびにKITタンパクの構造変化の関与は本文で解説したが，国内ではコマーシャルベースでのc-kit遺伝子検査が普及している。イマチニブやトセラニブすなわちチロシンキナーゼ阻害剤の臨床的効果の予測に活用することができ，犬や猫の肥満細胞腫においては，それぞれ約30%および70%の症例でc-kit遺伝子変異が認められる。

　犬ではエクソン11（細胞膜近傍領域で脱リン酸化を制御する部分のコード）の変異頻度が最も高く，とくにこの部位にITD（遺伝子内縦列重複）変異を有する肥満細胞腫症例は高グレードで予後が悪いとされている。そのほか，エクソン8や9（細胞外領域で受容体相互作用に関与する部分のコード）の各種変異なども多く報告されており，全体としてグレードが高いほどc-kit遺伝子変異率が高いことが知られている。猫ではエクソン8と9の各種変異の頻度が高いことが示されているが，グレードや臨床挙動との関連性は明らかではない。一般論として，遺伝子検査でこれらの変異が検出された場合にはチロシンキナーゼ阻害剤の効果が期待できると考えるが，犬ではエクソン11におけるITD変異，猫ではエクソン8におけるITD変異を有する症例において，イマチニブが奏効した報告がとくに多い。逆に犬・猫ともに，変異が検出されなかった症例でもチロシンキナーゼ阻害剤が奏効するケースは認められ，肥満細胞腫の発症機序に関してc-kit遺伝子変異が唯一の要因ではないことが示唆される。

　理論的にトセラニブはマルチキナーゼ阻害作用ゆえにイマチニブよりも有害事象が問題になりやすく，高用量の設定がしづらいことが影響してか，c-kit遺伝子変異陽性症例に対する切れ味はイマチニブに比べると劣るようである。しかし逆に，KITタンパク以外の作用点にはたらいて血管新生阻害などの効果も期待できることから，むしろ変異が検出されない症例に対してはイマチニブよりも奏効率が高いとされている。現状の報告をもとにざっくりまとめると，とくに犬では，イマチニブは変異があればよく効くが，変異がなければ効きづらく，トセラニブは変異があってもなくてもそこそこの効果を示す，という特徴となる。つまり，c-kit遺伝子変異検査で陽性であればイマチニブを第一選択と考えるべきであり，陰性であってもトセラニブを試してみる価値はある。ただし，犬ではトセラニブとビンブラスチンの奏効率や生存期間に差がなく，有害事象はトセラニブのほうが多いとする報告もあり，そもそも遺伝子変異陰性であれば分子標的薬にこだわる必要はないかもしれない。

悪性腫瘍に対する緩和治療

　非腫瘍性疾患や良性腫瘍の場合には，そもそも積極的な治療の対象とはならず，経過観察も悪くない選択となる場合があることをお伝えした。一方で悪性腫瘍に対しては，原則として迅速かつ積極的な診断治療が必要であるとしたが，これはあくまで根治治療を見据えた，すなわち「治る見込みのあるがん」に対するアプローチである。しかし，なかには，初診時にすでに明らかに根治が望めないであろう，「治せないがん」または「手遅れのがん」症例がいることも事実である。ここではそのような場合の考え方である「緩和治療」について解説したい。

緩和治療≠終末期の消極的治療

　積極的な根治治療と対をなすものが緩和治療であるとするならば，では，緩和治療とは，治る見込みのない症例に対しての消極的な治療にすぎないのであろうか？　誤解を生じやすい部分ではあるが，実は決してそうではない。かつては，治る見込みがあるうちは根治治療で頑張り，そして残念ながら治る見込みがなくなった時点で緩和治療へ「切り替える（ギアチェンジ）」という敗戦処理的な考え方が一般的だった（**図2-74A**）。しかし現在では，緩和治療は疾患の過程の早い段階から適用すべきものと解釈されている。診断の時点に始まり，根治，維持，対症療法，ターミナルケアなどと治療目的が移行するに従って，「徐々に」緩和治療の役割を大きくしていく考え方（シームレスケア）や，さらには，緩和治療をがんの治療と併行して適宜実施することでがんの治療自体にも良い影響をもたらし得る積極的な介入としての考え方（パラレルケア）が採用されるべきである（**図2-74B, C**）。

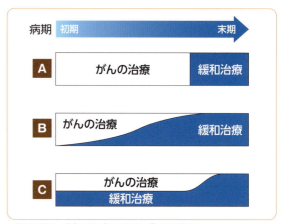

図2-74　緩和治療の位置づけの変遷
A：ギアチェンジ。
B：シームレスケア。
C：パラレルケア。

そのためにも，現時点での治癒の見込みを的確に把握し，過不足のないインフォームドコンセントのもと，適切な治療目的を設定することが重要となる。

要するに緩和治療とは？

　さまざまな解釈はあると思うが，ここでは，「緩和治療とは，腫瘍細胞のすべてを身体から排除すること（根治）をそもそもの目的とせず，症例のQOLを向上させて，腫瘍とうまく付き合っていくための治療全般を指す」ものとして稿を進めたい。腫瘍症例のQOLは，結局何が原因で低下するのかを考えることにより緩和治療の具体例が見えてくる（**表2-4**）。

　まず，腫瘍が拡大，浸潤，転移すれば，局所または転移臓器における物理的あるいは機能的障害が生じる。これらの臓器障害によって生じた各種症状を軽減するためのいわゆる対症療法は，緩和治療の代表といえる（例：肺転移にともなう呼吸不全に対する酸素療法）。なお，腫瘍を消失させることこそもはや不可能だとしても，その容積を減じることでこれらの障害を解消できる場合があ

3. 悪性腫瘍

表2-4　緩和治療の具体例

腫瘍に 直接影響を与える治療	減容積手術	
	放射線治療	
	化学療法	
腫瘍には 直接影響しない治療	疼痛管理	
	栄養管理	
	対症療法	腫瘍による直接的症状の治療
		腫瘍随伴症候群の治療
	副作用に対する治療	

表2-5　主な腫瘍随伴症候群

・高カルシウム血症	・血小板減少症
・低血糖	・DIC
・高グロブリン血症	・癌性悪液質
・白血球増多症	・発熱
・貧血	・胃十二指腸潰瘍
	など

る。そのための方法として，緩和外科，緩和放射線，緩和化学療法などが採用される（例：自壊した体表腫瘍の減容積手術）。これらの治療法は，元はといえば根治治療として腫瘍をやっつけ得る攻撃的な手段でもあるが，使い方あるいは使うタイミング次第では緩和治療としても役立つ。

また，腫瘍の浸潤やそれにともなう炎症は，一般に疼痛刺激となり得る。こうした疼痛を管理することは緩和治療において大きなウェイトを占めている（例：骨浸潤に対する麻薬鎮痛剤やビスフォネートの投与）。

一方，原発巣や転移巣とは直接関係なしに，腫瘍に関連して起こるさまざまな内分泌学的，血液学的，その他の生化学的な変化なども，症例のQOLを考える上で重要である。このような間接的な病態は，腫瘍随伴症候群とよばれ（**表2-5**），これらを対症的な緩和治療のターゲットとすることも必須である（例：高カルシウム血症に対する輸液や利尿剤投与，癌性悪液質に対する栄養管理，肥満細胞腫に起因する胃十二指腸潰瘍の予防ならびに治療）。

また，意外と忘れられがちであるが，腫瘍に対する各種治療がもたらす副作用や合併症に対する支持療法なども，広い意味での立派な緩和治療ということができる（例：化学療法にともなう嘔吐に対する制吐剤投与）。

皮膚腫瘍における緩和治療の実際

これまで緩和治療の一般論について述べたが，ここでいよいよ皮膚の悪性腫瘍に対する緩和治療について考えてみる。

第一に疼痛の対症療法は，悪性腫瘍全般に共通する緩和治療として，いうまでもなく皮膚腫瘍にもあてはまる。一般的な皮膚腫瘍ではそこまで徹底的な鎮痛治療が必要となることは多くないが，がんと聞くと飼い主は痛みがないかどうかを必要以上に気にする傾向があるように感じており，いわゆる飼い主目線での鎮痛ニーズを満たすよう対応することは意義が大きいように思う。疼痛管理のために使用される代表的かつ使い勝手の良い薬剤は非ステロイド系抗炎症剤（NSAIDs）である。ただし，それでも抑えきれないような強い痛みには，非麻薬系もしくは麻薬系のオピオイドが用いられることも多い。癌性疼痛は慢性痛であり，長期に付き合う必要があることから，自宅投与が可能で，なるべく持続時間の長い薬剤あるいは剤形が望ましい。筆者はブプレノルフィンの坐

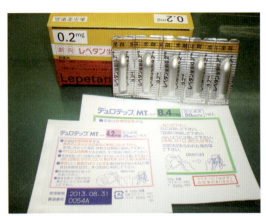

図2-75 ブプレノルフィン坐剤とフェンタニル貼付剤

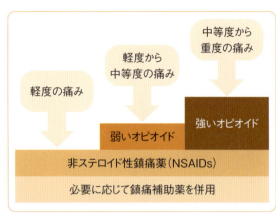

図2-76 がん性疼痛に対するWHO方式の3段階鎮痛ラダー（一部改変）

図2-77 食欲不振に使用される薬剤の例
カプロモレリン経口薬とミルタザピン軟膏はそれぞれ犬用と猫用にFDA（米国食品医薬品局）が初めて承認した食欲増進剤である。

剤（猫に対しては注射薬の舌下投与も利便性が高い）やフェンタニルの貼付剤（フェンタニルテープ）を好んで使用している（**図2-75**）。つまり，軽度以上の痛みには非オピオイド鎮痛薬であるNSAIDsを用い，中等度の痛みには弱オピオイドを，強度の痛みには強オピオイドをそれぞれ併用する，ヒトの「WHO方式がん疼痛治療法」でいうところの「3段階鎮痛ラダー（**図2-76**）」に従う使用法である。弱オピオイドとしてトラマドールを使用することもあるが，苦みのために投与困難なことも少なくない。鎮痛補助薬としてはガバペンチンやプレガバリンを用いることがあり，とくに神経障害性疼痛が予想される場合には積極的に使用する。WHO方式ではコルチコステロイドもまた鎮痛補助薬としての位置づけであり，腎機能低下などの心配からNSAIDsの長期投与が向かない場合や猫に対して，とくに長期生存が予想されない場合であれば，NSAIDsに代えてコルチコステロイドを処方することも悪くないと考える。鎮痛ラダーとは，一般に痛みの進行にともない治療を段階的に強化していく考え方だが，とくに獣医療においては，むしろ最初から強力な鎮痛剤で介入し，疼痛の緩和とともに漸減する「逆ピラミッド型鎮痛」が推奨されることもある。

また，ほかの部位の腫瘍と同様に，皮膚腫瘍もまた癌性悪液質の原因となることがあり，食欲不振や体重減少がみられた際には緩和治療としての栄養管理が必要とされる。まずは，いわゆる食欲増進剤の投与により自発的な採食を促すことが可能かどうか試みることから始めるが（**図2-77**），犬・猫問わず効果を感じることが多い薬剤として

3. 悪性腫瘍

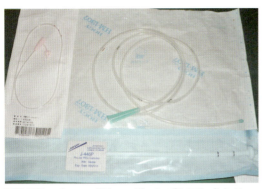

図2-78　チューブフィーディングに用いられるチューブ各種
左上：経鼻食道チューブとして用いる栄養カテーテル
右上：食道瘻チューブとして用いるマーゲンゾンデ
下：胃瘻チューブとして用いるマッシュルームカテーテル

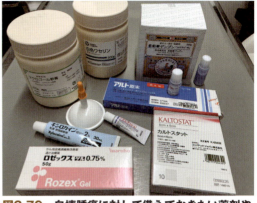

図2-79　自壊腫瘍に対して備えておきたい薬剤や素材の例
いずれも在宅緩和治療に有用性が高い。

抗うつ剤の一種であるミルタザピンを筆者は多用している。食欲不振の動物に内服薬を投与することは時に困難であるが，輸入薬である猫用ミルタザピン軟膏は耳介への塗布により効果を発揮するため，使い勝手が良い。自発的な採食が不十分な場合には，強制給餌が選択される。

十分な栄養を供給するためには，用手による介助ではたいてい追いつかず，チューブフィーディングの適用を考慮する。経鼻食道チューブは実施に際して簡便な方法であるが，癌性悪液質症例の食欲不振は長期または生涯にわたる可能性が高く，可能な限り，より長期の設置に耐えられる食道瘻チューブや胃瘻チューブを適用することが望ましい（図2-78）。なお，食欲不振だけでなく，腫瘍が口周囲や頸部に生じるなどして採食が困難になった際にも，同様の処置が必要とされる場合がある。

困った自壊に本気で向き合う

体表腫瘍が悪性であれ，良性であれ，自壊あるいは自傷が起こると，それにともなう出血や浸出液，化膿，悪臭などが，動物と飼い主を大いに悩ませる問題となり得る。おそらく飼い主のQOLにも影響するため，とくに相談があった際には，さじを投げることなく可能な限り積極的に介入する姿勢を見せたい。完全切除が不可能な状況でも，減容積手術や緩和化学療法，緩和放射線治療などが適応となることはあるかもしれないが，多くの場合，効果は一時的であり費用対効果も良いとは思えない。むしろここでは一次診療向けのプラクティスとして，腫瘍自体を制御することがもはや不可能と判断した後の対症療法について解説したい。

自壊した腫瘍からの出血が主な問題となる場合には，直接止血作用をもつアルギン酸ナトリウムが有用であり，散布剤やドレッシング材として利用できる（図2-79）。散布剤を5％の濃度になるよう各種軟膏に混合して持続性出血に対して塗布する方法も報告されている。

悪臭は，慣れてしまうためか，家族にとってあまり深刻な問題とならない場合も少なくないようだが，むしろ通院のたびに病院スタッフや院内のほかの飼い主の気持ちを暗くさせ，病院にとってマイナスが大きいと個人的に感じており，積極的に対処したい。自壊にともなう悪臭の主な原因は

表2-6 自壊に対する各種緩和治療法の比較（私見）

	モーズペースト	亜鉛華デンプン	メトロニダゾール外用	アルギン酸ナトリウム
場所	病院	自宅	自宅	自宅
所要時間	約30分〜数日	数分	数分	数分
薬剤調製	要	不要	不要	不要
出血軽減	+++	+〜++	−	++
浸出液軽減	+++	+〜++	−	+〜++
悪臭軽減	+++	+〜++	++	±
腫瘍縮小	+〜+++	±	−	−
処置の痛み	±〜++	−	−	−〜+
皮膚潰瘍形成	±〜++	−	−	−
禁忌	粘膜周囲 血管周囲 深い潰瘍	なし	なし	なし

　壊死した腫瘍に対する嫌気性菌による代謝産物と考えられており，ヒトではクリンダマイシンやメトロニダゾールなど，嫌気性菌に対する広いスペクトラムを有する抗菌薬の全身投与の有効性が報告されている。ただし，十分な血行が保たれない大型腫瘍の壊死病巣などでは全身投与による薬剤の到達には限界があり，むしろ外用薬が効果を発揮する。近年では「がん性皮膚潰瘍の臭気の軽減」に対して国内で唯一薬事承認を受けたメトロニダゾール外用製剤が販売され，多用されるようになったが，比較的高価であることが使用の障壁となるかもしれない。

　腫瘍からの浸出液は化膿や悪臭の原因となるほか，液体が多い場合はそれ自体が家庭で生活する上で問題視されることもある。過剰な浸出液を吸収するためにペットシーツや紙おむつ，生理用ナプキンなどが使用されることが多い。

　亜鉛華デンプンは酸化亜鉛を主成分としてそれをデンプンで希釈した散布剤であり，酸化亜鉛の収れん作用に加え，デンプンが浸出液を吸収することで潰瘍部の止血や乾燥に役立つ。添付文書には「湿潤病変に対しては組織修復を遅延させるため使用禁忌」と書かれているが，飼い主にはそもそもすでに正常な組織修復や創傷治癒が期待できない段階であり，それを承知の上での使用であることをあらかじめ説明しておく必要があるかもしれない。

　以上のような在宅でも実施可能な簡易的な方法により，多くの場合において，実際の問題に十分対処できるか，少なくとも飼い主の要望を満足させられる。それでも巨大な腫瘍などによる制御困難な出血や浸出液そして悪臭が問題となる場合に利用できる比較的万能な方法として，さらにモーズペースト（モーズ軟膏）を紹介したい（**表**

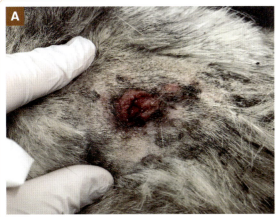
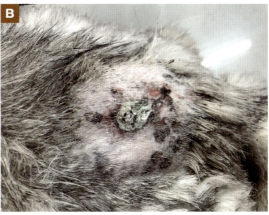

図2-80　モーズペーストの使用例
A：20歳の雑種猫の腰背部にみられた多発性の扁平上皮癌が潰瘍化して持続性の出血を呈していた（ボーエン病）。過去に多発性の基底細胞癌と診断され，前肢を断脚されていた。
B：モーズペーストを1時間作用させたところ，組織の変性とともに止血が達成された。
C：3週間後には腫瘤の大部分が脱落し，瘢痕を残して癒合した。

2-6）。主成分となる塩化亜鉛の化学的固定作用により，腫瘍細胞や腫瘍血管および感染した細菌の細胞膜が凝固され，腫瘍細胞の壊死と変性乾燥ならびに止血効果が得られ，さらに抗菌作用とそれにともなう悪臭の軽減をもたらす方法である（図2-80）。固定され硬化した腫瘤は削り取るように切除することも可能となり，もしくは部分的な脱落が自然と起こることがあるため，腫瘍の減容積を目的に使用されることもある。健常組織に対して侵襲性があり，粘膜周囲や血管，とくに動脈周囲への適用は制限されるものの，隆起した皮膚腫瘍に対しては安全に利用できるケースが多い。

　モーズペーストの欠点はその侵襲性ゆえの処置の手間であろう。健常皮膚組織に付着しないよう注意が必要であり，かつ軟膏が浸透するまで数十分から数時間以上の時間が必要となることから，自宅での利用は難しく，筆者は院内に動物をしばらく預かって慎重に処置するようにしている。また，使用するペーストは製剤として販売されておらず，自家調製する必要がある。無菌的である必要はないため特殊な施設や設備がなくても獣医師による調製は可能であるが，原料の塩化亜鉛は劇物であるため取り扱いには十分な注意が必要であり，調製者への健康被害を防ぐため安全キャビネットを使用している医療施設もあると聞く。ま

た，塩化亜鉛として試薬を用いる必要があるため，獣医療目的での使用は獣医師の裁量権に基づくものと認識する必要がある。自壊に関する手技の実際については，第3章4節『自壊に対するテクニック』（p.174）を参照されたい。

> **Key Point**
>
> ● 治せないまでもQOLを上げる努力はできるはず
> ● 早期の段階から積極的に緩和治療と向き合うこと
> ● 飼い主の満足度に大きく影響する

Column
モーズペーストの歴史

　アメリカの外科医モーズ（Frederic E. Mohs）により1940年代に発表された原法は，ペーストの塗布による腫瘍の化学的固定とそれを切除して切除縁を顕微鏡的に評価することを繰り返す，腫瘍の根治的治療法として考案され，化学外科療法（chemosurgery）またはモーズ顕微鏡手術（モーズ法）と称された。オリジナルのペーストの成分には塩化亜鉛，サンギナリアというケシ科の植物，スティブナイトという鉱物を含んでおり，黒色を呈するものであった。

　本邦では後2者が入手困難であるため当時は普及しなかったようであるが，1985年になって，現在国内で使用されている基本組成である，塩化亜鉛，亜鉛華デンプン，グリセリンから調製された白色ペースト（当時は単純に「塩化亜鉛ペースト」とよんだらしい）による治療が初めて報告されている。1970年代以降のモーズ顕微鏡手術は新鮮凍結切片を用いる方法へと昇華し，オリジナルのペーストを組織固定のために用いることはもはやなくなっている（民間療法としての不適切な使用は今も報告されているようである）。一方，日本国内ではこの組織固定法による，自壊巣に対する出血，浸出液，悪臭などの局所制御効果がとくに注目され，2000年以降，緩和ケアに応用する試みが盛んになった。見た目も目的もオリジナルのモーズペーストとは真逆であり全くの別物といっても過言ではないと思うのだが，塩化亜鉛による固定を主な作用とするところから，従来のモーズ法に敬意を表してモーズペースト（変法）という名称が用いられているようである。現在PubMedで「Mohs Paste」と検索すると，日本国内からの論文ばかりが名を連ね，あたかも独自の進化を遂げたガラパゴス化の様相を呈している。

3. 悪性腫瘍

症例紹介　根治不可と判断され緩和治療を実施した例

症例26

10歳齢，雌，雑種犬

主訴：1カ月前に発見した下腹部のできものが急速に拡大しているとのことで紹介受診

身体検査所見：右大腿部内側から鼠径部を経て第5乳腺部にわたる巨大な腫瘤（図2-81）。腹壁および大腿深部に重度に固着。軽度の肢端浮腫。疼痛は強くない

細胞診所見：異型性の強い間葉系細胞が多数採取された（図2-82）

他院から持参のX線所見：右大腿骨周囲に顕著な骨増生（大腿骨自体の骨融解および骨破壊は不明瞭）。右股関節脱臼あり

各種検査所見：胸部X線画像上，肺野に砲弾状陰影多数（図2-83）

仮診断：肺転移をともなう骨肉腫（T4N1M1）の疑い

治療プラン：根治は不可能と判断し，対症的な緩和治療を選択。鎮痛剤としてのNSAIDsを投与開始。疼痛管理が困難であれば，フェンタニル貼付剤の使用あるいは緩和外科としての断脚術を検討することとした

経過①：疼痛管理は良好であったが，約2カ月の経過で，腫瘍はさらに拡大し，自壊した（図2-84）。腫瘍内部は重度に壊死し空洞化。全身状態が悪く，臨床所見，血液検査所見から重度の敗血症が示唆された。支持療法を行いつつ，緩和外科を実施した

手術所見：右後肢断脚（股関節離断）をともなう腫瘍切除術を実施した。腫瘍は骨盤および腹壁に

図2-81　下腹部にみられた巨大腫瘤
腹壁および大腿深部に重度に固着していた。

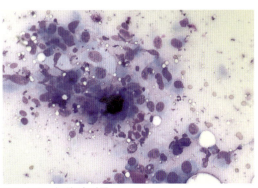

図2-82　細胞診所見
異型性の強い間葉系細胞が多数採取された。

癒着，浸潤し，腹腔内へ露出していた。腹壁の部分切除に加え，骨盤癒着部をロンジュールにて破砕して腫瘍内切除とした（図2-85）

病理組織診断：広範囲の壊死をともなう骨肉腫

補助治療：なし

経過②：術後数日間のクリティカルケアを経て，元気回復。術後約1カ月の時点では，血液検査上の異常値もほぼ正常化し，術創癒合，歩様ともに良好であった（図2-86）。しかし，肺転移は着実に進行していることが確認され，食欲の回復も十分ではなかった。その後，呼吸不全により死亡するまでの約1カ月間，腫瘍の再拡大ならびに局所のトラブルが認められることはなかった

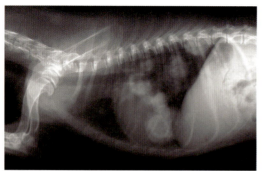

図2-83　X線所見
肺転移を示唆する多数の砲弾状陰影が確認された。

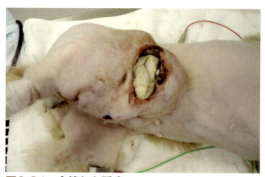

図2-84　自壊した腫瘍
重度に壊死し，空洞化した腫瘍内部にガーゼを充填してある。

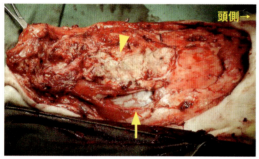

図2-85　術中所見
右後肢断脚および腹壁の部分切除（矢印）をともなう腫瘍切除術を実施した。骨盤癒着部に腫瘍が露出し（矢頭），不完全切除は明らかである。

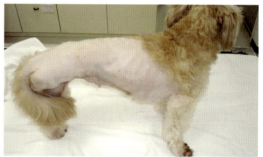

図2-86　術後経過
術創の治癒や歩様など，外科手術後のQOLは良好であった。

【コメント】

　骨肉腫ということで厳密には皮膚腫瘍の症例ではないが，「できもの」を主訴に来院し，体表への自壊がみられたという点で，ここでの例に挙げた。

　初診時にすでに肺転移が確認され，できる限りの緩和治療を実施することで，飼い主と合意した症例である。今回のような経過は十分に予想され，CT検査を追加して，断脚をともなう減容積手術の実施を早期に検討することも提案してあった。しかし，幸か不幸か，初診時からしばらくの間のQOLはさほど悪くなく，手術の実施は見送られていた。結局は巨大腫瘍の自壊という大きな問題に直面し，緩和外科を選択せざるを得ない状況となった。悪性腫瘍を経過観察するにあたって，全身への悪影響で症例が死亡するのが先か，それとも局所がこらえきれずトラブルとなるのが先か，早期の段階での見極めは難しい。

　派手な手術にはなったが，根治を目的としていない以上，あくまで緩和治療の一環ととらえ，骨盤切除などの深追い手術により合併症を生じることのないよう心がけた。死亡するまでの短い期間ではあったが，外科手術後のQOLは良好であったといえ，緩和治療の目的を果たせたものと考えられた。

3. 悪性腫瘍

症例27

6歳齢，雄，マルチーズ

主訴：下顎のできものを主訴に紹介受診

身体検査所見：下顎切歯後方に腫瘤あり，これと連続するように下顎皮下に直径4cmの腫瘤（**図2-87**）。重度の下顎粘膜潰瘍。舌脱落。左下顎リンパ節腫大

細胞診所見：下顎皮下腫瘤のFNBにより異型性のある扁平上皮細胞が採取された（**図2-88**）。左下顎リンパ節からも同様の細胞が採取された

各種検査所見：頭部X線検査にて下顎骨の融解像あり

病理組織診断：口腔由来扁平上皮癌（T3bN1bM0，ステージⅢ）

治療プラン：根治は困難と判断し緩和治療を選択した。鎮痛剤としての目的と同時に，緩和化学療法としての効果も期待してピロキシカムを投与開始。採食はなんとか可能とのことだったが，体重減少が進行するようであれば胃瘻チューブの設置を検討することとした

経過①：元気・食欲は比較的良好であるものの，やはり採食には困難をともない，約2週間の経過にて体重が初診時の2.3kgから1.9kgにまで減少した。そこで，全身麻酔ならびに内視鏡下にて胃瘻チューブを設置し（**図2-89**），ブプレノルフィンの処方を追加した。その後，腫瘤の拡大および皮膚側への自壊がみられたものの，QOLは良好で，約2カ月後の体重は2.7kgまで回復した

経過②：診断から約3カ月後，下顎骨の病的骨折が確認され，フェンタニル貼付剤を開始した。費用的な制限から，緩和外科としての下顎切除は希望されなかった。同じころより体表に多発性に腫

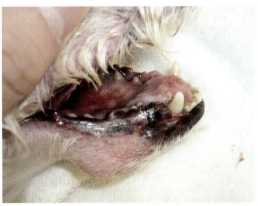

図2-87 骨融解をともない皮下に浸潤した口腔内扁平上皮癌
舌は近位約1/3を残して脱落していた。

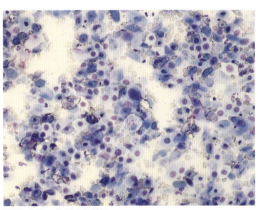

図2-88 細胞診所見
角化した細胞質と幼若な核が同時にみられる所見（核細胞質成熟乖離）は扁平上皮癌を疑わせる。

瘤が発生し（**図2-90**），細胞診により扁平上皮癌の皮膚転移が強く疑われた。QOLは比較的良好と考えられ，体重も維持されていた。しかしさらに2カ月後，下顎の骨融解ならびに皮膚欠損が悪化し，最終的には感染の制御が困難となり，敗血症に陥って死亡した

図2-89　胃瘻チューブ設置
強制給餌により体重の増加がみられた。

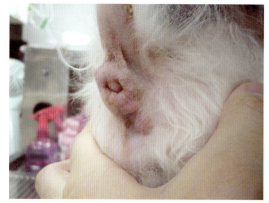

図2-90　肛門周囲の多発性腫瘤
細胞診により扁平上皮癌の転移巣を強く疑った。

【コメント】

またしても厳密には皮膚原発の腫瘍症例ではないが，口周囲や頸部などに発生した体表腫瘍により本症例と同様に採食が妨げられるケースは少なくない。チューブフィーディングは，癌性悪液質などによる食欲不振の場合にももちろん役立つ方法であるが，採食困難を呈する症例にはより積極的に採用したい治療である。動物の「食べたいのに食べられない空腹感による苦痛」は飼い主にとって耐え難い場合が多いからである。

本症例は，初診時にリンパ節転移が確認されたとともに，病変がすでに広範囲に及び，根治外科手術の適応外と考えざるを得なかった。ピロキシカムはNSAIDsの一種であるが，古くから抗腫瘍効果が知られている薬剤である。その作用機序についてはいまだに不明な点も多いが，上皮系悪性腫瘍を中心に，効果ありとのエビデンスも少なくない。口腔内扁平上皮癌もそのなかのひとつである。

動物自身がさほど苦痛を感じている様子がなかったことがせめてもの救いであり，積極的な栄養管理により比較的長期にわたり良好なQOLが保たれ，治療に対する飼い主の満足度も高かった。自宅での毎日のチューブフィーディングは，慣れるまでは恐る恐るであったとしても，飼い主に「治療に参加している感」をもたらす効果が高い。さらに，体重の変化は飼い主の目にも明らかであり，治療効果が実感できるため，治療に対する積極性を引き出すことが可能となる場合が多い。動物と飼い主の両者のケアという意味で，理想的な緩和治療といえるかもしれない。

4. 皮膚由来ではない体表腫瘤

　これまで「皮膚腫瘍へのアプローチ」と題して，総論的な診断治療の進め方から，各論的な病変カテゴリーごとの考え方までお伝えしてきた。なかには，腫瘍に見えて実は炎症性病変であるというような，非腫瘍性疾患についての解説も含め，いわゆる皮膚「腫瘤」全般を取り上げてきた。

　この項では，皮膚の表面から確認できるものの，実は皮膚由来ではないという，真の意味での「皮膚腫瘍」とは異なる体表腫瘤について説明したい。

皮膚以外に由来する「体表腫瘤」について

　そもそも体表腫瘤の症例は，皮膚科がカバーすべきか，腫瘍科がカバーすべきかという議論はあるかもしれないが，なかでもとくに，皮膚原発でない腫瘍ともなれば，もはや皮膚科のテキストには載っていない疾患ということになる。つまり皮膚科の範疇を越えているといえなくもない。しかし，その由来が皮膚であろうとそうでなかろうと，体表から確認可能な腫瘍は飼い主によって容易に発見され，「皮膚のできもの」を主訴に，読者の先生方のもとを受診する可能性がある。これらに対しわれわれは，獣医皮膚科医の診療範囲外と切って捨てず，適切に診療が進められるよう知識を備えておきたいところである。

　また，こうした腫瘍が実際には皮膚に由来するものでないとしても，診断の進め方は，これまで説明してきた皮膚腫瘍へのアプローチと大きく変わらない。腫瘍を発見したら，まずは鑑別診断を絞り，細胞診を実施して，非腫瘍性病変，良性腫瘍，悪性腫瘍の当たりをつけるところから始める場合が多い。得られた細胞の種類が，その由来を特定するヒントとなる場合も少なくないが，さらにそれと並行して，身体検査や画像診断などの所見から，腫瘍の原発組織を正確に突き止める。もちろん，可能な限り組織生検を実施して，治療開始前に病理学的な確定診断を下すことが理想である。

診断アプローチ

　腫瘍の診断を進めるための第一歩は，鑑別診断リストを作成することである。つまり，そのできものが何であるのか，考え得る診断名を可能性の高いものから順にできるだけ挙げる。その後に各種検査を行うことで，確定または除外を進め，診断に近づいていくのである（図2-91）。このような進め方は POS（problem-oriented system）または分析的診断推論（仮説演繹法）などの概念に基づくものであり，いかなる疾患の診断においても活用される論理的アプローチである。そしてこれは，皮膚科診療または体表腫瘤の診断についても例外なく適用できる思考法である。

　ここで重要なのは，体表腫瘤の鑑別診断リストには，皮膚由来の腫瘍だけでなく，その他，皮下に触知される可能性のある腫瘤状物のすべてを含めるべきだということである（表2-7）。例えば，身体検査上，下腹部の皮下に生じた皮膚腫瘍（例：肥満細胞腫）と乳腺癌は同じように触知される可能性があるし，頸部腹側に生じた深部固着をともなう皮膚腫瘍（例：軟部組織肉腫）と甲状腺癌も，身体検査上区別は困難なことがある。その他，皮膚以外に原発した悪性腫瘍の皮膚転移巣も鑑別す

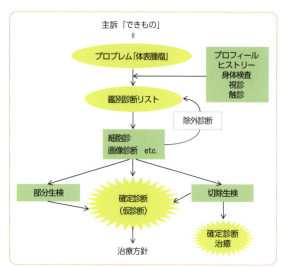

図2-91 体表腫瘤の診断アプローチ

表2-7 皮下腫瘤との鑑別を要するものの例

- リンパ節（正常あるいは腫大）
- 唾液腺（正常，腫大あるいは腫瘤）
- 甲状腺（腫大あるいは腫瘤）
- 筋（腫瘤）
- 骨（腫瘤）
- 乳腺（腫脹あるいは腫瘤）
- 肛門嚢（貯留物あるいは腫瘤）
- ヘルニア（内容物）　etc.

る必要があり，そのためには場合により全身の検査が必要とされる。

由来が違えば対処法が変わる

さて，体表から確認し得るいかなる腫瘍であっても，診断アプローチの原則は大きく変わらないことをお伝えした。しかし，原発組織が異なれば，浸潤の程度や病期の評価法に違いが出る。例えば，皮膚腫瘍，乳腺腫瘍，甲状腺腫瘍では，それぞれ異なるTNM分類の基準が明確に定められているため，これらを同列に扱って評価することはできない。となれば必然的に，治療方針の決定にも影響が出るし，外科治療を行う際の切除縁の選択も変わってくる。

例えば，同じ腹部の悪性腫瘍でも，肥満細胞腫の場合は，2〜3cmの水平マージンと，可能であれば底部筋層の切除が推奨されるが，もしこれが乳腺癌なら，片側または両側乳腺全摘を考慮する。また，深部固着をともなわない甲状腺癌であれば，一般的な悪性皮膚腫瘍の場合とは異なり，腫瘤（甲状腺）のみ辺縁部切除することで完全切除が達成される場合も少なくない。

なお，たとえ皮膚以外の原発であったとしても，腫瘍治療の大原則として，局所の固形腫瘍に対しては，外科手術に勝る制御法はないとする考え方は変わらない。そして，外科のみでの完全切除が困難な場合には，放射線治療や化学療法を併用した集学的治療を行うという考え方も同様である。しかし，これはあくまで一般的な固形腫瘍についての話である。例えば，造血器系腫瘍であるリンパ腫では，外科治療よりもむしろ化学療法が第一選択とされるべきである。皮下腫瘍と思ってとりあえず切除したらリンパ腫であった，などという経過は，確定診断という意味では結果オーライかもしれないが，決してスマートとはいえない診断アプローチである。

Key Point

- 体表のできものが主訴でも皮膚のトラブルとは限らない
- 常に幅広い鑑別診断リストを考える
- 適切な治療方針を決定するためにはまず正確な診断から

症例紹介

症例28

9歳齢，避妊雌，雑種猫

主訴：乳首の近くにできものがあり拡大している

身体検査所見：肥満。右第3乳頭直下に径約2cmの自壊をともなう腫瘤，および右第2から第3乳頭間に径約1cmの皮下腫瘤あり，深部固着なし（図2-92）。左第2乳頭直下に径約1cmの皮下腫瘤あり，触診時に乳頭から赤色漿液を排出して退縮。下腹部に広範な脂肪様の腫瘤あり

細胞診所見：右乳腺部腫瘤のFNBではいずれも軽度の異型性をともなう上皮系細胞集塊が多数採取された（図2-93）。左乳腺部腫瘤からの分泌液の細胞診ではマクロファージや泡沫状細胞が主体として認められた（図2-94）。下腹部腫瘤のFNBでは脂肪細胞のみが検出された

仮診断：乳腺癌（T2bN0M0，ステージⅡ）および乳腺嚢胞状過形成の疑い

各種検査所見：各種画像診断ならびにリンパ節の触診において，明らかな遠隔転移所見は確認されなかった

治療：右片側乳腺切除術を実施（図2-95）

病理組織診断：浅鼠径リンパ節転移をともなう乳腺癌（T2bN1aM0，ステージⅢ）

補助治療：希望せず

経過：術後しばらくは良好に経過したものの，約6カ月後に食欲廃絶を主訴に再来院。肝臓に多発性の腫瘤が確認されるとともに，重度に肥厚した大網の癒着によって小腸が絞扼され，完全閉塞を呈していた。緩和外科治療として開腹手術により大網を切除し，腸閉塞を解除したが，全身状態に

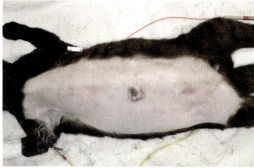

図2-92　乳頭直下に発生した自壊をともなう乳腺癌
ほかにも乳腺部に皮下腫瘤が複数認められた。

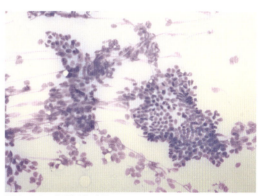

図2-93　細胞診所見
一見して良性腫瘍のようにも見える上皮系細胞集塊であるが，猫の乳腺部腫瘤から上皮系細胞が集塊状に採取された時点で，悪性と考えて対処する。

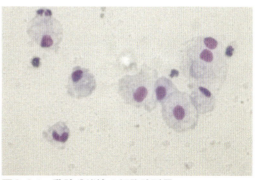

図2-94　乳腺分泌液の細胞診所見
乳腺部腫瘤が液体を排出して退縮し，主に泡沫状細胞やマクロファージが観察された場合には良性病変であることが多い。

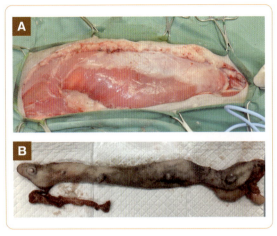

図2-95 片側乳腺切除術
浅鼠径，副鼠径，副腋窩，腋窩リンパ節の切除（郭清）をあわせて実施するのが現在の標準術式である（Bは本症例とは別の犬の片側乳腺切除術）。

改善なく死亡した。大網および肝生検の病理組織学的検査では腺癌との結果が得られ，乳腺癌の転移が強く疑われた。

【コメント】

　犬の場合と違って，猫の乳腺腫瘍が良性であることはまれである。悪性である割合は80％以上とされ，転移性も高く，一般的に予後の悪い腫瘍である。腫瘍のサイズが2cmを超えるか否か，そしてリンパ節転移の有無が予後因子としてとくに重要であり，TNM分類による予後判定が有用である。

　治療には早期の乳腺切除術が推奨され，最低でも片側，場合によっては両側のすべての乳腺の切除を実施すべきである。それでも，高い転移性のため，根治は難しいことが多い。補助治療としてドキソルビシンなどによる化学療法が選択されるが，その効果に関するエビデンスは十分とはいい難い。

　細胞診における悪性度評価は必ずしもあてにならず，一般に猫の乳腺部腫瘍から上皮系細胞がある程度の集塊状に採取された場合には，悪性と考えて対処すべきである。なお，本症例の左乳腺部にみられた腫瘤のように，良性の嚢胞状病変が腫瘍同様に触知される場合がある。この場合，乳頭より血様または緑褐色の液体の排出がみられることが多く，細胞学的には主に泡沫状細胞やマクロファージが少数観察される。

4. 皮膚由来ではない体表腫瘤

症例29

5歳齢，避妊雌，アメリカン・コッカー・スパニエル

主訴：首にできものがあり1週間で急激に拡大している

身体検査所見：下顎，浅頸，膝窩リンパ節それぞれ左右とも鶏卵大に腫大。左右浅鼠径リンパ節4cm長に腫大。腹腔内に母指頭大腫瘤複数触知

各種検査所見：胸部X線画像にて気管下リンパ節腫大，腹部X線画像にて肝腫ならびに腰下リンパ節腫大，腹部超音波画像にて腹腔内リンパ節複数腫大ならびに脾臓の虫食い状エコーが確認された。血液検査では異常は認められなかった

細胞診所見：各リンパ節のFNBにて未分化の異常リンパ球が多数採取された（**図2-96**）。脾臓のFNBにおいても同様の異常リンパ球が確認された

診断：多中心型リンパ腫（ステージⅣa / B-cell高グレードを疑う）

治療：UW-25（ウィスコンシン大学）プロトコールに準じた多剤併用化学療法を開始（**図2-97**）

経過1：化学療法への反応は良好であり，3週目には完全寛解が達成された。しかし，抗がん剤使用による副作用が比較的強く，各薬剤の用量を減量して使用せざるを得なかった

経過2：約3カ月の寛解期間を経てリンパ腫の再燃が確認された。ほぼ同一のプロトコールにて再導入し，再度完全寛解に持ち込むものの，その後約2カ月の経過にてまたもや再燃。その後，ミトキサントロンやCCNUなどによるレスキュープロトコールを試みるも反応鈍く，最終的には化学療法を中止し，その約3カ月後に呼吸不全にて死亡した

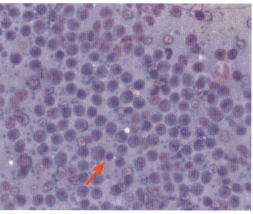

図2-96　細胞診所見
単一形態性で芽球比率が高いリンパ腫の場合には，目が慣れてしまって腫瘍細胞が正常リンパ球かのような錯覚に陥ることがある。塗抹上の成熟リンパ球（矢印）を探して冷静に比較することにより，異常細胞が増殖していることが明らかである。

図2-97　リンパ腫の化学療法に使用する抗がん剤の例
本症例ではUW-25プロトコールを使用した。

【コメント】

リンパ節は皮下腫瘤との鑑別を必要とする代表的な組織といえる。いうまでもないが，主な体表リンパ節の正確な位置を把握し，そのチェックをルーティンの身体検査に組み込むことによって，慣れ親しんでおくことが重要である。これは腫瘍科診療に限らず，時に皮膚科診療においても重要となるが，ある1カ所のリンパ節に腫大が認められた場合には，その原因となる支配領域の異常を探査する必要がある。また一方で，その他のリンパ節，とくにリンパの流れに沿った一連のリンパ節の評価を実施すべきである。

リンパ節に腫大がみられた際の鑑別診断リストを覚えておくことは非常に重要である。そしてこれらは，細胞診を実施することによって，慣れれば比較的容易に仮診断が可能である（**表2-8**）。反応性過形成はリンパ節腫大の原因として一般的であり，支配領域局所あるいは全身性の抗原刺激に対する反応と考えられる。その抗原刺激の代表として，感染，炎症，免疫介在性疾患，腫瘍など，多様な原因が挙げられる。

リンパ腫は化学療法に最もよく反応する犬の悪性腫瘍のひとつである。造血器系腫瘍の一種であり，診断した時点ですでに全身性疾患ととらえるべきである。したがって，一見リンパ節に限局して切除が容易にみえても，皮膚の固形腫瘍とはわけが違い，原則として外科治療による長期の管理は望むべくもなく，化学療法が治療の第一選択となる。

リンパ腫の診断自体は細胞診により比較的容易であるが，臨床病理医によっては，腫瘍細胞を形態学的な特徴によってさらに詳細に分類することで，予後判定の指標とすることがある。専門的な話題となるため詳細は割愛するが，ベッドサイドの細胞診レベルでも，「リンパ腫である」ということ以上の情報を得るようにしたい。少なくとも高グレード（≒大細胞性）なのか低グレード（≒小細胞性）なのかを判断し，さらにB細胞とT細胞のどちらに由来する腫瘍なのかについても当たりをつけられるようになれば上出来である。というのも，低グレードリンパ腫はプラスの予後因子として，そしてT細胞性リンパ腫はマイナスの予後因子として一般的に知られているからである。B細胞性とT細胞性を鑑別する方法としては，ほかにも免疫染色やPCR法を用いたクロナリティ検査が利用可能である。

表2-8　リンパ節の細胞診（簡易版）

診断カテゴリー	細胞学的特徴
正常リンパ節	成熟リンパ球主体で中リンパ球や幼若リンパ球が順にピラミッド型分布を示す
反応性過形成	形質細胞の増加
リンパ節炎	好中球，好酸球，マクロファージの増加
転移性腫瘍	正常ではリンパ節に存在しない細胞（とくに異型性をともなうもの）の存在
原発性腫瘍（リンパ腫）	ピラミッド型分布が崩れた単一形態のリンパ球集団

Memo
犬のリンパ腫のステージ分類

犬のリンパ腫では，TNM分類が適用されず，ステージ（病期）分類のみが**表1**および**図1**のとおりに定められている。それとは対照的に，皮膚腫瘍では，TNM分類の基準は明確に規定されているものの，ステージ分類は定められていないことを覚えておきたい。

なお，犬のリンパ腫のステージ分類が予後因子のひとつとして利用できることは間違いないが，詳細に関してはいまだに意見が分かれている。ただし少なくとも，サブステージb，すなわち臨床症状が認められる症例では，サブステージaの症例よりも予後が悪いとする見解が一般的である。

表1 犬のリンパ腫のステージ分類

ステージI	単一のリンパ節または単一のリンパ系組織（骨髄を除く）に限局している
ステージII	領域内の複数のリンパ節（±扁桃）が侵されている
ステージIII	全身のリンパ節が侵されている
ステージIV	肝臓および／あるいは脾臓（±全身のリンパ節）が侵されている
ステージV	血液，骨髄，あるいはその他の器官系（±肝臓，脾臓，リンパ節）が侵されている
サブステージa	臨床症状なし
サブステージb	臨床症状あり

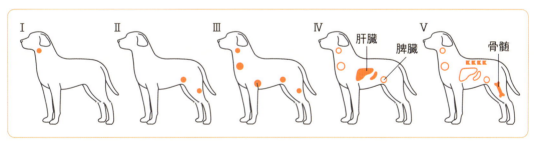

図1 犬のリンパ腫のステージ分類のイメージ

症例30

9歳齢，雌，マルチーズ

主訴：喉の左右にできものを発見した

既往歴：1年前に呼吸困難を主訴に他院を受診し，軟口蓋過長症と診断され軟口蓋部分切除術を実施。呼吸状態に改善はみられたものの，正常まで改善しなかった

身体検査所見：ストライダー（喘鳴音）重度。飼い主の発見した腫瘤は，径1.5 cmに軽度腫大した左右下顎腺であった。それとは別に，左頸部に気管への固着をともなう約5 cm長の腫瘤が発見された（図2-98）。体表リンパ節の触診所見に異常なし

細胞診所見：下顎腺のFNBでは，異型性をともなわない正常唾液腺細胞が採取された（図2-99）。頸部腫瘤は穿刺時に顕著な出血が認められたため（図2-100），エコーガイド下にて実質部を狙ってFNBを行ったところ，得られた細胞は甲状腺細胞と思われた（図2-101）

仮診断：甲状腺癌（T3N0M0，ステージⅢ）の疑い

各種検査所見：追加検査希望せず

治療：希望せず

経過：その後約8カ月の経過にて徐々に腫瘤の拡大および呼吸状態の悪化が進行し，呼吸不全によって死亡した

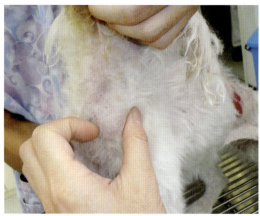

図2-98　左頸部に発見された甲状腺癌
気管に固着し，気道を圧迫していた。

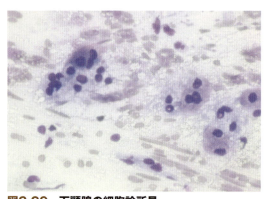

図2-99　下顎腺の細胞診所見
粘液の存在を示唆する平行に流れるような細胞配列と，泡沫状の腺細胞の存在は，唾液腺から採取したサンプルに特徴的である。

図2-100　甲状腺のFNB
穿刺針のハブにここまで血液が入ってしまったら，サンプルの血液希釈は相当なものとなり，診断価値は減少する。

4. 皮膚由来ではない体表腫瘍

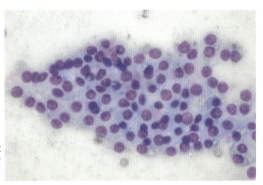

図2-101　頸部腫瘤の細胞診所見
境界不明瞭な細胞質と円形核を有する均一な細胞集団から甲状腺由来の細胞を疑う。コロイドと思われる不定形の好酸性物質が認められている。

【コメント】

　犬の甲状腺腫瘍はその多くが悪性、いわゆる甲状腺癌である。血行性に肺へ、またはリンパ行性に内咽頭後リンパ節への転移が生じることが知られている。呼吸困難や発咳の症状は症例の一部で認められ、腫瘍自体あるいは咽頭部へのリンパ節転移による気道の圧迫や、肺転移に起因することが考えられる。

　甲状腺のFNBには出血がつきものであり、サンプルが一瞬にして血液希釈されて、診断価値のない塗抹となりがちなので注意が必要である。エコーガイド下にて血管などを避けて実質を穿刺することで、血液混入の少ない良質なサンプルを採取することが可能となる。

　組織生検は大量出血につながる可能性が高く、原則として推奨しない。発生部位と穿刺時の出血量、そして細胞学的特徴から、病理組織学的検査なしでも仮診断は十分に可能と考える。甲状腺細胞は、一般に境界不明瞭な細胞質と円形核を有し、しばしば裸核を呈するのが特徴である。悪性の場合でも細胞異型は強くなく、均一な細胞集団として観察されることが多い。

　腫瘍のサイズや深部固着の有無は予後に影響することが知られている。とくに深部固着のない場合には、たとえ腺癌であったとしても容易に完全切除が達成できるため、積極的に外科治療にチャレンジすべきである。固着の有無の判断にはCT検査なども用いられるが、一般には触診で十分である。片側性の甲状腺癌の切除であれば、術後に甲状腺機能低下症や上皮小体機能低下症を発症することは考えにくいが、両側性の切除を実施した際には、これらに対する長期的な内科管理が必要となることが多い。

　なお、本症例のように、飼い主によって皮膚のできものと勘違いされやすい構造物のひとつとして、唾液腺、とくに下顎腺が挙げられる。また、動物看護師や経験の浅い獣医師が、下顎腺を腫大した下顎リンパ節と誤認することも少なくない。下顎リンパ節は一般に頬骨からまっすぐ腹側方向に位置する可動性の組織であり、下顎腺はその尾側に存在し可動性に乏しい。FNBを行えばその細胞学的な違いは明らかである。正常な唾液腺細胞は一般に空胞状あるいは泡沫状の細胞質を呈している。腫大した唾液腺から、こうした正常細胞しか採取されない場合には、唾液腺の過形成という診断を下すのが妥当である。

参考文献

1. 土田靖彦，朴天鎬，安家義幸ほか (2009)：犬の術後縫合糸肉芽腫に関する病理学的研究. *日本獣医師会雑誌*, 62：388-394.
2. 千々和宏作，西村亮平，中島亘ほか (2008)：卵巣子宮摘出後に縫合糸反応性肉芽腫が疑われた犬22症例における長期予後と併発疾患の臨床的解析. *獣医麻酔外科学雑誌*, 39(2)：21-27.
3. Yamagishi, C., Momoi, Y., Kobayashi, T., et al.(2007): A retrospective study and gene analysis of canine sterile panniculitis. *J. Vet. Med. Sci.*, 69(9)：915-924.
4. O'Kell, A. L., Inteeworn, N., Diaz, S. F., et al.(2010): Canine sterile nodular panniculitis：A retrospective study of 14 cases. *J. Vet. Intern. Med.*, 24：278-284.
5. 望月学，浅野和之，兼島孝ほか (2009)：縫合糸反応性肉芽腫を考える. *Surgeon*, 13(5)：64-75.
6. 浅野和之 (2008)：外科手術機器の比較検討と，電気手術器およびベッセルシーリングシステムの特徴と使用法. *Surgeon*, 12(2)：62-79.
7. 関口麻衣子 (2010)：犬と猫の皮疹ノート. *Small Animal Dermatology*, 1(1)：5-8.
8. Harvey, R. G., McKeever P. J. (1998)：序論. In：カラーハンドブック犬と猫の皮膚病. 岩﨑利郎監訳, pp.6-13, インターズー.
9. Medleau, L., Hnilica K. A. (2006)：自己免疫性および免疫介在性皮膚疾患. In：カラーアトラス犬と猫の皮膚疾患, 岩﨑利郎監訳, 第2版, pp.191-229, 文永堂出版.
10. Rose, E. R. (2001)：皮膚と皮下組織. In：カラーアトラス犬と猫の細胞診, 石田卓夫監訳, pp.31-82, 文永堂出版.
11. Cullen, J. M., Page, R., Misdorp, W. (2002)：Tumor Management. In：Tumors in domestic animals, Meuten D. J. ed., 4th ed., pp.37-44, Blackwell Publishing.
12. Scott, D. W., Miller, W. H., Griffin, C. E. (2001): Miscellaneous Skin Diseases. In：Muller & Kirk's Small Animal Dermatology, 6th ed., pp.1125-1184, WB Saunders.
13. Reimann, N., Nolte, I., Bonk, U., et al. (1999): Cytogenetic investigation of canine lipomas. *Cancer Genet. Cytogenet.*, 111(2)：172-174.
14. Goldschmidt, M. H., Dunstan, R. W., Stannard, A. A., et al. (1998)：3. Epithelial and Melanocytic Tumors of the Skin. In：WHO International Histological Classification of Tumors of Domestic Animals, 2nd series, Armed Forces Institute of Pathology.
15. 野村耕二 (2002)：皮膚と皮膚付属器腫瘍の病理学的問題点―基底細胞腫を中心として―. In：第133回日本獣医学会学術集会 獣医病理学会シンポジウム資料, 日本獣医学会.
16. Walder, E. J.(2008)："基底細胞腫瘍"に何が起こったのか？ 町田登監訳, *ViVeD*, 4(2)：86-97.
17. Gross, T. L., Ihrke, P. J., Walder, E. J., et al. (2005): Sebaceous tumors. In: Skin diseases of the Dog and Cat：Clinical and Histopathological Diagnosis, Gross, T. L., Ihrke, P. J., et al. eds., 2nd ed., pp.641-665, Oxford, Blackwell Science.
18. Ramiro-Ibanez, F.(2008)：犬と猫の皮脂腺系腫瘍. 町田登監訳. *ViVeD*, 4(3)：183-193.
19. Ogilvie G. K., Moore A. S. (2006)：皮膚および付属器の腫瘍. In：犬の腫瘍, 桃井康行監訳, pp.136-154, インターズー.
20. Withrow, S. J., Vail, D. M. (2001)：Tumors of the Skin and Subcutaneous Tissues. In：Small Animal Clinical Oncology, Withrow, S. J., MacEwan, E. G. eds., 3rd ed., pp.233-260, Saunders.
21. Vail, D. M., Withrow, S. J., Schwarz, P. D., et al. (1990)：Perianal adenocarcinoma in the canine male：a retrospective study of 41 cases. *J. Am. Anim. Hosp. Assoc.*, 26(3)：329-334.
22. Affolter, V. K., Moore, P. F. (2000)：Canine cutaneous and systemic histiocytosis: reactive histiocytosis of dermal dendritic cells. *Am. J. Dermatopathol.*, 22(1)：40-48.
23. Cockerell, G. L., Slauson, D. O. (1979)：Patterns of lymphoid infiltrate in the canine cutaneous histiocytoma. *J. Comp. Pathol.*, 89(2)：193-203.
24. 賀川由美子 (2010)：肛門のがんの病理. *Infovets*, 13(4)：15-18.
25. Coomer, A. R. (2008)：犬の組織球系疾患. 森崇監訳, *J-Vet*, 21(10)：40-48.
26. Hedlund, C. S. (2002)：形成外科および再建外科の原則. In：スモールアニマル・サージャリー, 若尾義人，田中茂男，多川政弘監訳, 第2版. pp.166-201, インターズー.
27. Ogilvie G. K., Moore A. S. (2006)：臨床的細胞診と腫瘍. In：犬の腫瘍, 桃井康行監訳, pp.88-99, インターズー.
28. Takahashi, T., Kadosawa, T., Nagase, M., et al. (1997)：Inhibitory effects of glucocorticoids on proliferation of canine mast cell tumor. *J. Vet. Med. Sci.*, 59(11): 995-1001.
29. Gerritsen, R. J., Teske, E., Kraus J. S., et al. (1998)：Multi-agent chemotherapy for mast cell tumours in the dog. *Vet. Q.*, 20(1): 28-31.
30. Murphy, S., Sparkes, A. H., Blunden A. S., et al. (2006)：Effects of stage and number of tumours on prognosis of dogs with cutaneous mast cell tumours. *Vet. Rec.*, 158(9):287-291.
31. Zemke, D., Yamini, B., Yuzbasiyan-Gurkan, V.

(2002): Mutations in the juxtamembrane domain of c-KIT are associated with higher grade mast cell tumors in dogs. *Vet. Pathol.*, 39(5): 529-535.

32. Marino, D. J., Matthiesen, D. T., Stefanacci, J. D., *et al*. (1995): Evaluation of dogs with digit masses: 117 cases (1981-1991). *J. Am Vet. Med. Assoc.*, 207(6): 726-728.

33. Mueller, R. S., Olivry, T. (1999): Onychobiopsy without onychectomy: description of a new biopsy technique for canine claws. *Vet. Dermatol.*, 10: 55-59.

34. Hirose, M., Mueller, R. (2009):犬の多様な鉤爪疾患. 長谷川篤彦監訳. *ViVeD*, 5(6): 437-443.

35. 丸尾幸嗣監修 (2007): 犬の皮膚肥満細胞腫. *Surgeon*, 11(5): 3-57.

36. 廉澤剛監修 (2011): 軟部組織の肉腫. *Surgeon*, 15(1): 3-73.

37. Medleau, L., Hnilica, K. A. (2006):眼瞼, 爪, 肛門嚢, および耳道の疾患. In:カラーアトラス犬と猫の皮膚疾患, 岩﨑利郎監訳, 第2版, pp.361-394, 文永堂出版.

38. Ogilvie, G. K., Moore, A. S. (2006):皮膚および付属器の腫瘍. In:犬の腫瘍, 桃井康行監訳, pp.583-604, インターズー.

39. Scott, D. W., Miller, W. H., Griffin, G. E. (2001): Diseases of Eyelids, Claws, Anal Sacs, and Ears. In: Muller & Kirk's Small Animal Dermatology, 6th ed., pp.1185-1235, Saunders.

40. Ward, H., Fox, L. E., Calderwood-Mays, M. B., *et al*. (1994): Cutaneous hemangiosarcoma in 25 dogs: a retrospective study. *J. Vet. Intern. Med.*, 8(5):345-348.

41. Ogilvie, G. K., Moore A. S. (2001):皮膚のメラノーマ. In: 猫の腫瘍, 桃井康行監訳. pp.386-388, インターズー.

42. 賀川由美子 (2009): 犬の血管周皮腫の病理. *Infovets*, 12(7): 13-16.

43. Medleau, L., Hnilica, K. A. (2007):血管肉腫. In: カラーアトラス犬と猫の皮膚疾患, 岩﨑利郎監訳, 第2版. pp.418, 文永堂出版.

44. Ogilvie, G. K., Moore, A. S. (2008):軟部組織肉腫. In: 犬の腫瘍,桃井康行監訳. pp.554-565,インターズー.

45. Raskin, R. E., Meyer, D. J. (2004):皮膚と皮下組織. In:カラーアトラス犬と猫の細胞診, 石田卓夫監訳, pp.31-82, 文永堂出版.

46. Ogilvie, G. K., Moore, A. S. (2006):肥満細胞腫. In:犬の腫瘍. 桃井康行監訳,pp.605-617,インターズー.

47. Thamm, D. H., Mauldin, E. A., Vail, D. M. (1999): Prednisone and vinblastine chemotherapy for canine mast cell tumor: 41 cases (1992-1997). *J. Vet. Intern. Med*, 13(5): 491-497.

48. Thamm, D. H., Turek, M. M., Vail, D. M. (2006): Outcome and prognostic factors following adjuvant prednisone/vinblastine chemotherapy for high-risk canine mast cell tumour: 61 cases. *J. Vet. Med. Sci.*, 68(6): 581-587.

49. Rassnick, K. M., Moore, A. S., Williams, L. E., *et al*. (1999) : Treatment of canine mast cell tumors with CCNU (lomustine). *J. Vet. Intern. Med.*, 13(6): 601-605.

50. Hosoya, K., Kisseberth, W. C., Alvarez, F. J., *et al*. (2009): Adjuvant CCNU (lomustine) and prednisone chemotherapy for dogs with incompletely excised grade 2 mast cell tumors. *J. Am. Anim. Hosp. Assoc.*, 45(1): 14-18.

51. 信田卓男, 圓尾拓也, 岩崎孝子ほか (2009):犬の皮膚肥満細胞腫に対するプレドニゾロン単独の効果. *日本獣医師会雑誌*, 62(1): 57-60.

52. Ogilvie, G. K., Reynolds, H. A., Richardson, R. C., *et al*. (1989): Phase II evaluation of doxorubicin for treatment of various canine neoplasms. *J. Am. Vet. Med. Assoc.*, 195(11): 1580-1583.

53. Ogilvie, G. K., Obradovich, J. E., Elmslie, R. E., *et al*. (1991): Efficacy of mitoxantrone against various neoplasms in dogs. *J. Am. Vet. Med. Assoc.*, 198(9): 1618-1621.

54. Barber, L. G., Sorenmo, K. U., Cronin, K. L., *et al*. (2000): Combined doxorubicin and cyclophosphamide chemotherapy for nonresectable feline fibrosarcoma. *J. Am. Anim. Hosp. Assoc.*, 36(5): 416-421.

55. Selting, K. A., Powers, B. E., Thompson, L. J., *et al*. (2005): Outcome of dogs with high-grade soft tissue sarcomas treated with and without adjuvant doxorubicin chemotherapy: 39 cases (1996-2004). *J. Am. Vet. Med. Assoc.*, 227(9): 1442-1448.

56. Yuzbasiyan-Gurkan, V., Kiupel, M., Webster, J.(2008):犬の肥満細胞腫瘍におけるプロトオンコジーンKIT:予後に対する意義. 南毅生監訳. *ViVeD*, 4(5): 332-339.

57. 増田耕太郎 (2007):インドのジェネリック製薬企業の対日進出の背景と進出課題. *国際貿易と投資*, 67: 102-115.

58. Isotani, M., Ishida, N., Tominaga, M., *et al*. (2008): Effect of tyrosine kinase inhibition by imatinib mesylate on mast cell tumors in dogs. *J. Vet. Intern. Med.*, 22: 985-988.

59. Nishida, T., Kanda, T., Nishitani, A., *et al*. (2008): Secondary mutations in the kinase domain of the KIT gene are predominant in imatinib-resistant gastrointestinal stromal tumor. *Cancer Sci.*, 99(4): 799-804.

60. 石田卓夫 (2011):化学療法. In: 第5回日本獣医がん学会講演要旨集, pp.52-60, 日本獣医がん学会.

61. 小林哲也 (2002)：抗癌剤を極める－総論－. *Infovets*, 50：49-52.
62. Schmidt, B. R., Glickman, N. W., DeNicola, D. B., *et al.* (2001): Evaluation of piroxicam for the treatment of oral squamous cell carcinoma in dogs. *J. Am. Vet. Med. Assoc.*, 218(11): 1783-1786.
63. 小林哲也 (2003)：癌患者の栄養学. *Infovets*, 56：40-43.
64. Bergman, P. J. (2007): Paraneoplastic Syndromes. In: Withrow and MacEwen's Small Animal Clinical Oncology, pp.77-89, Saunders.
65. Ogilvie, G. K., Moore, A. S. (2001)：疼痛管理. In：猫の腫瘍, 桃井康行監訳, pp.97-103, インターズー.
66. Ogilvie, G. K., Moore, A. S. (2006)：思いやりのある治療の目標. In：犬の腫瘍, 桃井康行監訳, pp.21-22, インターズー.
67. Hayes, H. M., Milne, K. L., Mandell, C. P.(1981): Epidemiological features of feline mammary carcinoma. *Vet. Rec.*, 108: 476-479.
68. Ito, T., Kadosawa, T., Mochizuki, M., *et al.* (1996): Prognosis of malignant mammary tumor in 53 cats. *J. Vet. Med. Sci.*, 58(8): 723-726.
69. Garrett, L. D., Thamm, D. H., Chun, R., *et al*. (2002): Evaluation of a 6-month chemotherapy protocol with no maintenance therapy for dogs with lymphoma. *J. Vet. Intern. Med.*, 16(6): 704-709.
70. Fournel-Fleury, C., Mangnol, J. P., Bricaire. P., *et al*. (1997): Cytohistological and immunological classification of canine malignant lymphomas: Comparison with human non-Hodgkin's lymphomas. *J. Comp. Pathol.*, 117(1): 35-59.
71. Teske, E., van Heerde, P., Rutteman G. R., *et al*. (1994): Prognostic factors for treatment of malignant lymphoma in dogs. *J. Am. Vet. Med. Assoc.*, 205(12): 1722-1728.
72. Baskin, C. R., Couto, C. G., Wittum, T. E. (2000): Factors influencing first remission and survival in 145 dogs with lymphoma: a retrospective study. *J. Am. Anim. Hosp. Assoc,*, 36(5): 404-409.
73. Klein, M. K., Powers, B. E., Withrow, S. J., *et al*. (1995): Treatment of thyroid carcinoma in dogs by surgical resection alone: 20 cases (1981-1989). *J. Am. Vet. Med. Assoc.*, 206(7): 1007-1009.
74. Rose, E. R. (2001)：リンパ系組織. カラーアトラス犬と猫の細胞診, 石田卓夫 監訳, pp.83-119, 文永堂出版.
75. Ogilvie, G. K., Moore, A. S. (2001)：乳腺の腫瘍. In：猫の腫瘍, 桃井康行監訳, pp.337-348, インターズー.
76. Ogilvie, G. K., Moore, A. S. (2006)：内分泌系の腫瘍. In：犬の腫瘍, 桃井康行監訳, pp.464-489, インターズー.
77. 大坂巌, 渡邊清高, 志真泰夫ほか (2019)：わが国におけるWHO緩和ケア定義の定訳―デルファイ法を用いた緩和ケア関連18団体による共同作成―. *Palliative Care Research*, 14(2): 61-66.
78. 西村亮平 (2019)：腫瘍治療の最前線 4. NSAIDsによる疼痛管理と抗腫瘍効果. *動物臨床医学*, 28(4): 132-134.
79. 武田文和 (1996)：がんの痛みからの解放：WHO方式がん疼痛治療法, 世界保健機関編, 金原出版.
80. Mathews, K., Kronen, P. W., Lascelles, D., *et al.* (2014): Guidelines for recognition, assessment and treatment of pain. *J. Small Anim. Pract.*, 55(6): E10-E68.
81. Robertson, S. A., Lascelles, B. D. X., Taylor, P. M., *et al.* (2005): PK-PD modeling of buprenorphine in cats: Intravenous and oral transmucosal administration. *J. Vet. Pharmacol. Ther.*, 28(5): 453-460.
82. Prpich, C. Y., Santamaria, A. C., Simcock, J. O., *et al.* (2014): Second intention healing after wide local excision of soft tissue sarcomas in the distal aspects of the limbs in dogs: 31 cases (2005-2012). *J. Am. Vet. Med. Assoc.*, 244: 187-194.
83. 清原祥夫, 佐藤淳也, 田口真穂編 (2021)：モーズペーストを使いこなす- 適応となる症例・使用方法・調製と管理. 秀潤社.
84. 清水篤 (2017)：Mohsガーゼ法を用いて自壊した乳腺腫瘍の大幅な減容積を行ったダックスフンドの一例. *獣医臨床皮膚科*, 23(2): 57-61.
85. Croaker, A., Lim, A., Rosendahl, C. (2018): Black salve in a nutshell. *Aust. J. Gen. Pract.*, 47(12): 864-867.
86. Ordille, A. J., Porter, A., Scholl, A. M. (2023): Black salve: A dangerous corrosive disguised as an alternative medicine. *Cureus*, 15(7): e41248.
87. Rosario, N., Castro, J. F. (2022): Black salve: Risky escharotic. *Scars Burn. Heal.*, 8: 20595131221122376.
88. Croaker, A., King, G. J., Pyne, J. H., *et al.* (2017): A review of black salve: Cancer specificity, cure, and cosmesis. *Evid. Based. Complement. Alternat. Med.*, 2017: 9184034.
89. Prickett, K. A., Ramsey, M. L. (2023): Mohs Micrographic Surgery. In: StatPearls [Internet]. Treasure Island (FL): StatPearls Publishing.
90. Mohs, F. E. (1944): Composition of matter for the chemical fixation of diseased tissue preparatory for surgical removal. Google Patents.
91. Mohs, F. E., Guyer, M. F. (1941): Pre-excisional fixation of tissues in the treatment of cancer in rats. *Can. Res.*, 1:49-51.
92. Mohs, F. E. (1941): Chemosurgery：A microscopically controlled method of cancer excision. *Arch. Surg.*, 42: 279-295.

93. 国立医薬品食品衛生研究所 安全情報部 (2020)：食品安全情報（化学物質）. No.22.
94. Patnaik, A. K., Ehler, W. J., MacEwen, E. G. (1984): Canine cutaneous mast cell tumor: Morphologic grading and survival time in 83 dogs. *Vet. Pathol.*, 21: 469-474.
95. Kiupel, M., Webster, J. D., Bailey, K. L., *et al.* (2011): Proposal of a 2-tier histologic grading system for canine cutaneous mast cell tumors to more accurately predict biological behavior. *Vet. Pathol.* 48: 147-155.
96. Sabattini, S, Scarpa, F., Berlato, D., *et al.* (2015): Histologic grading of canine mast cell tumor: Is 2 better than 3? *Vet. Pathol.*, 52(1): 70-73.
97. Berlato, D., Bulman-Fleming, J., Clifford, C. A., *et al.* (2021): Value, limitations, and recommendations for grading of canine cutaneous mast cell tumors: A consensus of the Oncology-Pathology Working Group. *Vet. Pathol.*, 58(5):858-863.
98. Thompson, J. J., Pearl, D. L., Yager, J. A., *et al.* (2011): Canine subcutaneous mast cell tumor: Characterization and prognostic indices. *Vet. Pathol.*, 48(1): 156-168.
99. Camus, M. S., Priest, H. L., Koehler, J. W., *et al.* (2016): Cytologic criteria for mast cell tumor grading in dogs with evaluation of clinical outcome. *Vet. Pathol.*, 53(6):1117-1123.
100. Weishaar, K. M., Thamm, D. H., Worley, D. R., *et al.* (2014): Correlation of nodal mast cells with clinical outcome in dogs with mast cell tumour and a proposed classification system for the evaluation of node metastasis. *J. Comp. Pathol.*, 151(4):329-338.
101. London, C. A., Hannah, A. L., Zadovoskaya, R., *et al.* (2003): Phase I dose-escalating study of SU11654, a small molecule receptor tyrosine kinase inhibitor, in dogs with spontaneous malignancies. *Clin. Cancer Res.*, 9(7): 2755-2768.
102. London, C, Mathie, T., Stingle, N., *et al.* (2012): Preliminary evidence for biologic activity of toceranib phosphate (Palladia(®)) in solid tumours. *Vet. Comp. Oncol.*, 10(3):194-205.
103. Bernabe, L. F., Portela, R., Nguyen, S. *et al.* (2013): Evaluation of the adverse event profile and pharmacodynamics of toceranib phosphate administered to dogs with solid tumors at doses below the maximum tolerated dose. *BMC Vet. Res.*, 9: 190.
104. Coelho, Y. N. B., Soldi, L. R., da Silva, P. H. R., *et al.* (2023): Tyrosine kinase inhibitors as an alternative treatment in canine mast cell tumor. *Front Vet. Sci.*, 10: 1188795.
105. Weishaar, K. M., Ehrhart, E. J., Avery, A. C., *et al.* (2018): *c-Kit* mutation and localization status as response predictors in mast cell tumors in dogs treated with prednisone and toceranib or vinblastine. *J. Vet. Intern. Med.*, 32(1): 394-405.
106. London, C. A., Malpas, P. B., Wood-Follis, S. L., *et al.* (2009): Multi-center, placebo-controlled, double-blind, randomized study of oral toceranib phosphate (SU11654), a receptor tyrosine kinase inhibitor, for the treatment of dogs with recurrent (either local or distant) mast cell tumor following surgical excision. *Clin. Cancer Res.*, 15(11): 3856-3865.
107. Tamlin, V. S., Bottema, C. D. K., Peaston, A. E. (2020): Comparative aspects of mast cell neoplasia in animals and the role of KIT in prognosis and treatment. *Vet. Med. Sci.*, 6(1): 3-18.
108. Isotani, M., Ishida, N., Tominaga, M., *et al.* (2008): Effect of tyrosine kinase inhibition by imatinib mesylate on mast cell tumors in dogs. *J. Vet. Intern. Med.*, 22(4):985-988.
109. Isotani, M., Tamura K., Yagihara, H., *et al.* (2006): Identification of a *c-kit* exon 8 internal tandem duplication in a feline mast cell tumor case and its favorable response to the tyrosine kinase inhibitor imatinib mesylate. *Vet. Immunol. Immunopathol.*, 114(1-2):168-172.
110. Nakano, Y., Kobayashi, T., Oshima, F., *et al.* (2014): Imatinib responsiveness in canine mast cell tumors carrying novel mutations of *c-KIT* exon 11. *J. Vet. Med. Sci.*, 76(4): 545-548.
111. Letard, S., Yang, Y., Hanssens, K., *et al.* (2008): Gain-of-function mutations in the extracellular domain of KIT are common in canine mast cell tumors. *Mol. Cancer Res.* 6(7): 1137-1145.
112. Nakano, Y., Kobayashi, M., Bonkobara, M., *et al.* (2017): Identification of a secondary mutation in the KIT kinase domain correlated with imatinib-resistance in a canine mast cell tumor. *Vet. Immunol. Immunopathol.* 188: 84-88.
113. Bonkobara, M. (2015): Dysregulation of tyrosine kinases and use of imatinib in small animal practice. *Vet. J.*, 205(2): 180-188.
114. Marconato, L., Polton, G., Stefanello, D., *et al.* (2018): Therapeutic impact of regional lymphadenectomy in canine stage 2 cutaneous mast cell tumours. *Vet. Comp. Oncol.*, 16: 580-589.
115. Baginski, H., Davis, G., Bastian, R. P.(2014): The prognostic value of lymph node metastasis with grade 2 MCTs in dogs: 55 cases (2001-2010). *J. Am. Anim. Hosp. Assoc.*, 50(2): 89-95.

116. Marconato, L., Stefanello, D., Kiupel, M., *et al.* (2020): Adjuvant medical therapy provides no therapeutic benefit in the treatment of dogs with low-grade mast cell tumours and early nodal metastasis undergoing surgery. *Vet. Comp. Oncol.* 18(3):409-415.

117. Ferrari, R., Marconato, L., Buracco, P., *et al.* (2018): The impact of extirpation of non-palpable/normal-sized regional lymph nodes on staging of canine cutaneous mast cell tumours: A multicentric retrospective study. *Vet. Comp. Oncol.*, 16(4): 505-510.

118. Chalfon, C., Sabattini, S., Finotello, R., *et al.* (2022): Lymphadenectomy improves outcome in dogs with resected Kiupel high-grade cutaneous mast cell tumours and overtly metastatic regional lymph nodes. *J. Small Anim. Pract.*, 63(9): 661-669.

119. Sabattini, S., Kiupel, M., Finotello, R., *et al.* (2021): A retrospective study on prophylactic regional lymphadenectomy versus nodal observation only in the management of dogs with stage I, completely resected, low-grade cutaneous mast cell tumors. *BMC Vet. Res.*, 17(1): 331.

120. Guerra, D., Faroni, E., Sabattini, S., *et al.* (2022): Histologic grade has a higher-weighted value than nodal status as predictor of outcome in dogs with cutaneous mast cell tumours and overtly metastatic sentinel lymph nodes. *Vet. Comp. Oncol.* 20(3): 551-558.

121. Stefanello, D., Gariboldi, E. M., Boracchi, P., *et al.* (2024): Weishaar's classification system for nodal metastasis in sentinel lymph nodes: Clinical outcome in 94 dogs with mast cell tumor. *J. Vet. Intern. Med.*, doi: 10.1111/jvim.16997. Online ahead of print.

122. Alvarez-Sanchez, A., Townsend, K. L., Newsom, L., *et al.* (2023): Comparison of indirect computed tomographic lymphography and near-infrared fluorescence sentinel lymph node mapping for integumentary canine mast cell tumors. *Vet. Surg.*, 52(3): 416-427.

123. De Bonis, A., Collivignarelli, F., Paolini, A., *et al.* (2022): Sentinel lymph node mapping with indirect lymphangiography for canine mast cell tumour. *Vet. Sci.* 9(9): 484.

124. Manfredi, M., De Zani, D., Chiti, L. E., *et al.* (2021): Preoperative planar lymphoscintigraphy allows for sentinel lymph node detection in 51 dogs improving staging accuracy: Feasibility and pitfalls. *Vet. Radiol. Ultrasound*, 62(5): 602-609.

125. Gariboldi, E. M., Ubiali, A., Chiti, L. E., *et al.* (2023): Evaluation of surgical aid of methylene blue in addition to intraoperative gamma probe for sentinel lymph node extirpation in 116 canine mast cell tumors (2017-2022). *Animals (Basel)*, 13(11):1854.

126. Romańska, M., Degórska, B., Zabielska-Koczywąs, K. A. (2024): The use of sentinel lymph node mapping for canine mast cell tumors. *Animals (Basel)*, 14(7): 1089.

127. Worley, D. R. (2014): Incorporation of sentinel lymph node mapping in dogs with mast cell tumours: 20 consecutive procedures. *Vet. Comp. Oncol.*, 12(3): 215-226.

128. Hohenhaus, A. E., Kelsey, J. L., Haddad, J., *et al.* (2016): Canine cutaneous and subcutaneous soft tissue sarcoma: An evidence-based review of case management. *J. Am. Anim. Hosp. Assoc.*, 52(2): 77-89.

129. Bray, J. P., Polton, G. A., McSporran, K. D., *et al.* (2014): Canine soft tissue sarcoma managed in first opinion practice: Outcome in 350 cases. *Vet. Surg.*, 43(7): 774-782.

130. Stefanello, D., Morello, E., Roccabianca, P., *et al.*(2008): Marginal excision of low-grade spindle cell sarcoma of canine extremities: 35 dogs (1996-2006). *Vet. Surg.*, 37(5): 461-465.

131. Chiti, L. E, Ferrari, R., Roccabianca, P., *et al.* (2021): Surgical margins in canine cutaneous soft-tissue sarcomas: A dichotomous classification system does not accurately predict the risk of local recurrence. *Animals*, 11(8): 2367.

132. Del Mango, S., Monello, E., Iussich, S., *et al.* (2021): Evaluation of the neoplastic infiltration of the skin overlying canine subcutaneous soft tissue sarcomas: An explorative study. *Vet. Comp. Oncol.*, 19(2): 304-310.

133. Russell, D. S., Townsend, K. L., Gorman, E., *et al.* (2017): Characterizing microscopical invasion patterns in canine mast cell tumours and soft tissue sarcomas. *J. Comp. Pathol.*, 157(4): 231-240.

134. Elmslie, R. E., Glawe, P., Dow, S. W. (2008): Metronomic therapy with cyclophosphamide and piroxicam effectively delays tumor recurrence in dogs with incompletely resected soft tissue sarcomas. *J. Vet. Intern. Med.* 22: 1373-1379.

135. Leach, T. N., Childress, M. O., Greene, S. N., *et al.* (2012): Prospective trial of metronomic chlorambucil chemotherapy in dogs with naturally occurring cancer. *Vet. Comp. Oncol.*, 10(2):102-112.

136. De Nardi, A. B., Gomes, C. O. M. S., Fonseca-Alves, C. E., *et al.* (2023): Diagnosis, prognosis,

and treatment of canine hemangiosarcoma: A review based on a consensus organized by the Brazilian Association of Veterinary Oncology, ABROVET. *Cancers (Basel)*, 15(7): 2025.
137. Polton, G., Borrego, J. F., Clemente-Vicario, F., *et al.* (2024): Melanoma of the dog and cat: Consensus and guidelines. *Front Vet. Sci.* 11: 1359426.

第3章

手技
～私はこうしている

3 手技
～私はこうしている

1. 細胞診のテクニック

FNB（fine needle biopsy：吸引をともなわない細針生検）
（動画1）

　筆者は体表腫瘤に対する採材法のうち第一選択として実施している。体表腫瘤では23G×5/8～1インチ長の注射針を用いることが多い。血液の混入が多い場合や微小な病変に対しては25G針を使用することもある。

① 片手で腫瘤をしっかり把持して，もう片方の手で注射針を穿刺する。
② 角度を変えながら針を素早く押し引きし，注射針のハブに血液がわずかに流入したか，しないか程度の段階で針を抜く。血液が多いと（図3-1）細胞が希釈されて良い標本にならないため，再度採り直す。
③ 空の5 mLシリンジに空気を吸い，注射針に接続する。
④ 注射針の中に採取されたサンプルを，空気を介してスライドグラスにそっと押し出す。このとき強く吹き付けると細胞が壊れる原因となるため注意する。
⑤ もう1枚のスライドグラスを重ね，必要に応じてサンプルをそっと押しつぶしてから水平に引きのばす。このとき強く押しつぶしすぎると細胞が壊れる原因となるため注意する。

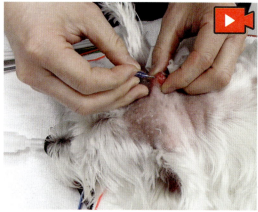

動画1 FNB（吸引をともなわない細針生検）

https://e-lephant.tv/ad/2004200

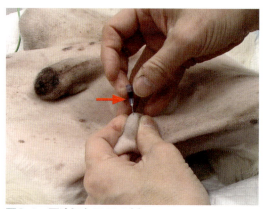

図3-1 不適切なFNBの例
注射針のハブに血液が多く流入している（矢印）。

 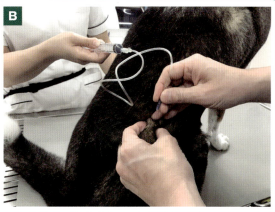

図3-2　FNA（吸引をともなう細針生検）
A：穿刺と吸引を片手で行う場合は操作性に劣る。
B：助手に吸引を任せると穿刺の細かな操作に集中できる。

塗抹の厚さは押しつぶす力と塗抹を引く速度によって調節する。

⑥ すみやかに風乾して，染色する。

FNA（fine needle aspiration：細針吸引生検）

FNBで細胞成分が採取されにくい場合（間葉系腫瘍などに多い）に実施する。5〜10 mLシリンジと注射針を直接接続した上でシリンジを持って自ら穿刺吸引しても良いが（**図3-2A**），人手に余裕があるようであれば，実施者は注射針のみを持って穿刺を行い，延長チューブを介して助手にシリンジを吸引してもらう方法を推奨する（**図3-2B**）。後者のほうが実施者の手指と針との距離が近いため，針先の位置の微調整が容易となるほか，穿刺角度を変える際の自由度が大きく，さらに動物のとっさの動きなどにも対処しやすい。

① 片手で腫瘤をしっかり把持して，もう片方の手で腫瘤に針を刺した後，シリンジを吸引して陰圧をかけた状態のまま，FNBと同様に針を素早く押し引きする。

② 注射針に入ったサンプルがシリンジ内に吸引されないように，必ずシリンジの吸引を中止し陰圧を解除してから針を抜く。

③ 注射針とシリンジもしくは注射針と延長チューブの接続をいったん外し，シリンジに空気を吸引してから再度接続して，スライドグラスにサンプルをそっと押し出す。

④ もう1枚のスライドグラスを重ね，組織をそっと押しつぶしてから水平に引きのばす。

⑤ すみやかに風乾して，染色する。

擦過細胞診または圧扁細胞診
（動画2）

切除した組織塊や組織生検サンプルに対して，迅速な仮診断を得るため，または目的とする組織がきちんと採取されているかを評価するために，病理組織学的検査に提出する前に，組織の一部を用いて細胞診を実施することがある。

① 必要に応じてペーパータオルなどで組織表面の血液を清拭する。

② 組織表面（割面）をメスの刃でなでるように擦過して少量の組織を削り取るか，組織のご

動画2　圧扁細胞診

く一部をメスで切り取り，スライドグラスに載せる。
③ そのままメスの刃で薄く塗り伸ばすか，もう1枚のスライドグラスを重ね，組織をそっと押しつぶしてから水平に引きのばす。
④ すみやかに風乾して，染色する。

鏡検

① スライドを染色したら，顕微鏡のステージに載せる前にまずは肉眼で観察を行う。目的とする細胞が採れているのかどうか，どこに塗抹されているのかを評価する。原則として，青紫色に染まっている部位を探すと良い。あたかも血液塗抹のように赤く染まっている部分は，血液希釈が強く観察に適さない可能性がある。
② ステージに載せたらまずは低倍率（×10対物レンズ）で，主に標本のクオリティをチェックする。細胞が壊れることなく，評価するのに十分な数が採取されているか，適切に染色されているかどうかなどを判断する。次に，塗抹が厚すぎず薄すぎず，細胞がきれいに拡がって観察に適した部分を探す。
③ 中倍率（×40対物レンズ）に変えて観察し，優勢な細胞のタイプや細胞形態を評価する。炎症なのか腫瘍なのか，腫瘍ならば由来のカテゴリー分け，および悪性所見があるかどうか，などを評価の対象とする。
④ 必要に応じて油浸オイルを滴下して高倍率（×100対物レンズ）で観察し，細胞の由来や悪性度をさらに詳細に評価する。とくに炎症に対しては原因となる微生物の有無についても探索する。

＊具体的な細胞の観察法については，第4章『犬と猫の皮膚腫瘍細胞診アトラス』（p.180）を参照されたい。

Memo

簡易ライト・ギムザ染色のすすめ

　スライドを染色するにあたり，簡易迅速染色液を利用することも多いと思われるが，染色性にこだわるのであればライト・ギムザ染色の実施をお勧めする。迅速染色では，肥満細胞の顆粒などが十分に染まらず誤診につながる場合があることはよく知られている。はるか昔の筆者が学生の時代に，実習でフーフー息を吹きかけて染色液を混和しながらライト染色を実施した記憶があるが，以下に記す簡易法で十分である。染色が仕上がるまでやや時間はかかるが，染色液をマウントした後は放置しておくだけなので，さほど手間はかからない。
①塗抹後よく乾燥させたスライドに新鮮なメタノール（簡易迅速染色の第1液）を載せて3分間固定する。
②以下の分量にてライト・ギムザ混合液を都度調整する。

ライト染色液原液	1 mL
ギムザ染色液原液	0.4 mL
リン酸緩衝液（pH 6.4）	8.6 mL
	（計10 mLにメスアップ）

③スライド上からメタノールを捨て，次に調製したライト・ギムザ混合液を載せて30分間染色する（**図1**）。
④スライド上から染色液を捨て，スライドの塗抹面に流水を直接あててよく水洗する。

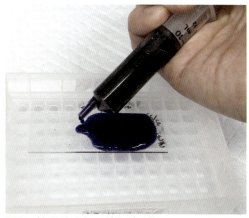

図1　簡易ライト・ギムザ染色
直前に調整したライト・ギムザ混合液をスライドにマウントしている。

2. 組織生検のテクニック

局所麻酔（フィールドブロック）

特殊な場合を除いて腫瘍組織自体には正常な感覚神経が存在せず，生検時に痛みを感じないことも多いが，生検経路となる皮膚や皮下などの正常組織に対しては麻酔薬により痛覚をコントロールする。筆者は2％リドカインまたは2％リドカイン／0.5％ブピバカイン等量混合液による採材部位への菱形浸潤麻酔（フィールドブロック）を好んで用いている（図3-3）。生検材料への局所麻酔薬の直接注入を避けることによって，病理診断に重要となる組織構造に影響を与えないようイメージする。

① 局所麻酔薬の注入自体による疼痛が強く問題となる際には，注射の30〜60分前に毛刈りを実施の上，リドカイン・プロピトカイン配合剤クリームを皮膚に塗布することで疼痛を緩和することが可能となる場合がある。

② 生検部位を菱形に取り囲むように局所麻酔薬を皮下に浸潤させる。対象とする菱形領域の辺の長さに応じて，使用する注射針の長さを選択する。

③ 菱形の頂点の1つから注射針の全長を穿刺して，菱形の1辺に相当する部分に局所麻酔薬を注入しながら少しずつ針を抜いて穿刺点に向かって戻ってくる。

④ 皮下で注射針の向きを変え，菱形のもう1辺の方向に穿刺し直し，同様に局所麻酔薬を注入しながら針を抜く。

⑤ 新たな注射針に替え，対側の頂点から再度穿刺して，③④と同様に，菱形の残りの2辺に相当する部分に浸潤麻酔を施す。

⑥ 数分後に菱形領域の中央部をピンセットで強くつまんで痛覚の消失を確認し，準備完了とする。

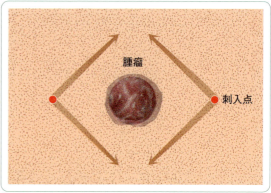

図3-3 菱形浸潤麻酔
周りを取り囲むように浸潤麻酔を実施することによって中央部分の組織構造に影響を与えることなく痛覚消失を達成できる。

コアニードル生検／針コア生検（CNB：core needle biopsy）（動画3）

一般に14G程度のスプリング式バイオプシーニードルが使用され，約1mmの厚さ×1〜2cmの長さの比較的小さな組織サンプルが得られる。情報量を増やすために複数のサンプルを採取することが推奨されており，1カ所の穿刺部位から深度や穿刺角度を変えて採材できることがこの生検法の利点として挙げられる。16〜18Gの器具も用いられるが，より多くの本数を採取することが望ましい。バイオプシーニードルの代表的な商品名を総称的に用いてTru-cut（ツルーカット）生検とよばれることもある。スプリング式にはセ

2. 組織生検のテクニック

動画3　コアニードル生検

https://e-lephant.tv/ad/2004202

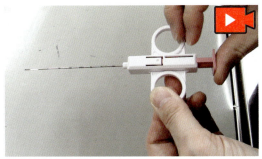

動画4　バイオプシーニードル動作確認

https://e-lephant.tv/ad/2004203

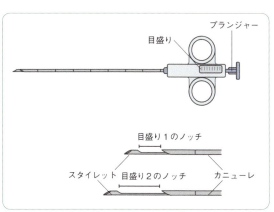

図3-4　バイオプシーニードル（セミオートタイプ）

ミオートタイプとフルオートタイプがあるが，ここでは筆者が好んで用いるセミオートタイプを用いた方法について解説したい（**図3-4**）。

① 生検部位を毛刈りして，局所麻酔を施したのち，無菌的に消毒する。全身麻酔下で実施することもある。
② バイオプシーニードルの一連の動作に支障がないか，あらかじめ確認する（**動画4**）。
③ プランジャーをロック音が鳴るまで引き，スプリングをセットする。ここでプランジャーを引いた分だけ，後に⑤でスタイレットが前進するため，腫瘤のサイズによってプランジャーを引く量を調節する。
④ メスで皮膚に小切開を加える。
⑤ 片手で腫瘤をしっかり把持して，もう片方の手でプランジャーには触れずにニードル本体を把持して，先端を切皮創から挿入し，腫瘤採取部の直前まで穿刺を進める。
⑥ カニューレ先端の位置が動かないよう本体をその場に把持したまま，プランジャーのみを押すことで，スタイレットを最大まで進めて腫瘤に穿刺する。針先を少し持ち上げることで，腫瘤にノッチ部分を押し付けて組織を充満させるようにイメージすると良い。このとき，悪性腫瘍であった場合の播種を避けるために，腫瘤を貫通することのないよう注意する（**図3-5**）。そのため，そもそも小さな腫瘤に対しては適応にならないことが多い。
⑦ ノッチ部分を腫瘤に押し付ける力を加えたまま，スタイレット先端の位置が動かないよう本体をその場に把持しつつ，プランジャーのみを強く押すことで，スプリングの力でカニューレ（刃先）を発射する。
⑧ ニードルを本体ごと切皮創から抜き取る。
⑨ ③のようにプランジャーをロックするまで引

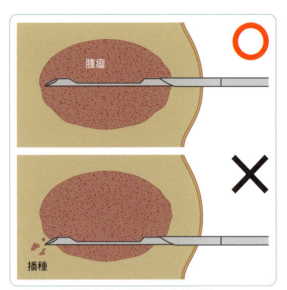

図3-5 適切な生検と不適切な生検の例
バイオプシーニードルが腫瘍を貫通しないよう注意する。

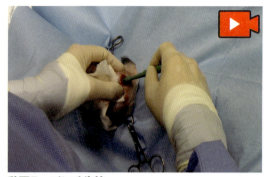

動画5　パンチ生検

https://e-lephant.tv/ad/2004204

き，続いて⑥のようにプランジャーをそっと押すことでスタイレットを露出させ，ノッチ部分に採取されたサンプルを確認し，注射針を用いてなでるように回収するか，生理食塩液を吹きつけて剥がし取る。

⑩ プランジャーを再度そっと引いてスタイレットを収納し，次の採材の準備を完了する。

⑪ ⑤の操作に戻り，同一の切皮創から採材を繰り返す。

⑫ 採取された組織をわずかにメスで切り出し，圧扁細胞診で目的とする細胞が採取されているか確認する。

⑬ 採材が終了したら，切皮創を必要に応じて縫合する。

パンチ生検（動画5）

コアニードル生検よりも大きな組織サンプルを採取できることがメリットであり，深部からの採材には向かないことがデメリットであるが，体表腫瘤の診断には十分なことが多い。各種サイズの生検トレパンを使用することができ，筆者は6 mm径の使用を好むが，腫瘍が小さい場合や，顔面など生検創を目立たせたくない部位，皮膚のテンションが強く採材後の縫合に不安をともなう部位などに対しては3 mm径を選択することもある。壊死や潰瘍をともなう不均一な大型腫瘍に対して診断精度を上げる試みとして，表層部分からパンチ生検で採材しつつ，そのパンチ創からバイオプシーニードルを挿入して深部から複数の角度で採材を行う合わせ技も可能である（**図3-6**）。

① 生検部位を毛刈りして，局所麻酔を施したのち，無菌的に消毒する。全身麻酔下で実施することもある。

② 片手で腫瘤をしっかり把持しつつ，皮膚を引き伸ばしてテンションをかける。

③ 生検トレパンを皮膚に垂直にあて，軽く下向きの力を加えながら一定方向に回転させて皮膚とその下の腫瘤を円柱状に切る。このとき，悪性腫瘍であった場合の播種を避けるために，腫瘍を貫通することのないよう注意する。

④ 生検トレパンを斜め45度もしくは皮膚とほぼ水平になるまで倒しつつ，さらに回転して円

2. 組織生検のテクニック

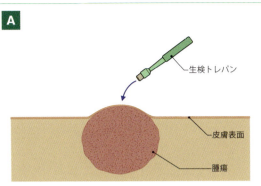
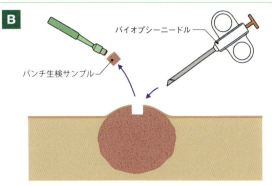
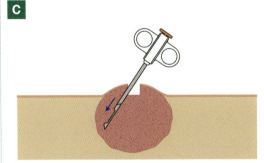
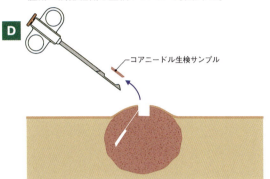
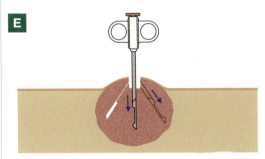
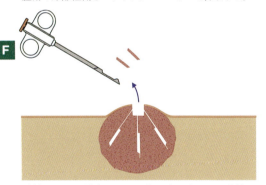

図3-6　パンチ生検とコアニードル生検を複合する方法

　柱状の組織の底面を切る。これを少なくとも2方向以上のさまざまな方向から行うことで底面を切断する。
⑤ 生検トレパンを皮膚から抜き，内部に採取された組織をそっと回収する。底面が完全に切断されておらず，組織が遊離していない場合には，ピンセットで優しく挙上して底面を鋏などで切断して回収する。
⑥ 採取された組織をわずかにメスで切り出し，圧扁細胞診で目的とする細胞が採取されているか確認する。
⑦ パンチ孔のサイズに合わせて1～2糸縫合する。

3. 切除と創閉鎖のテクニック

辺縁部切除
（良性病変を想定した最低限の切除）

　腫瘍の外科切除においては，周囲に十分な正常組織を含めて一括で切除するのが原則であるが，明らかに良性である腫瘍に対しては，肉眼上もしくは触診上確認可能な腫瘍ギリギリを切除縁としても完全切除を達成できる場合が多い。生検トレパンの直径にも満たない小さな良性の腫瘍であれば「パンチ切除」も可能である（**図3-7**）。とはいえ，良性病変を想定したとしても，なるべくマージンに余裕をもった切除を心がけるに越したことはない。

① 皮膚腫瘍の境界から水平方向に最低限1mmは離して切皮する。
② 深部方向を含め，腫瘍の各方向について最低限1mmは周囲に正常組織を確保しながら切除を実施する。
　＊皮下腫瘍に対しては，腫瘍の直上で直線状の切皮を行い，皮下から腫瘍をくり抜くように摘出（核出）するのも一案である。

広範囲切除
（浸潤性の悪性腫瘍を想定した切除）

　体表の悪性腫瘍の切除において一般的と考えられている，側方マージン2〜3cmを確保しつつ，深部マージンは筋膜など腫瘍の浸潤に抵抗し得る組織バリアー1枚を利用する方法について解説する。とくに浸潤性が強い腫瘍に対してはさらに広範囲のマージンを確保することもあるし，腫瘍の種類やグレードによっては逆に小さめの側方マー

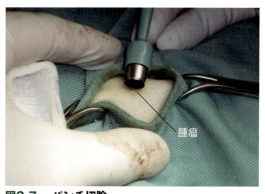

図3-7　パンチ切除
直径2mmほどの皮脂腺腫を生検トレパンにて完全切除した。

ジンが一般化されているものもある。

① 切皮前に腫瘍の周囲の皮膚をつまみ上げたり伸展させたりして皮膚の可動性を評価する。一般的な張力線（**図3-8**）も参考にして，閉創時に皮膚を寄せやすい方向の見当をつける。四肢などの可動部位周辺では動的評価も重要であり，肢を屈伸させてみて，とくに最大伸展時や最大屈曲時にテンションがかからないような閉創をイメージする。
② 術野の毛刈りは広めに行っておく。切除と閉創は術前の計画どおりに行くとは限らず，毛刈り・消毒の範囲が術式の制限要素となってしまわないよう準備する。
③ 切皮のアウトラインを決定する。腫瘍の辺縁から水平方向に2〜3cm以上離れた皮膚に小さな切開を加えてマーキングする。腫瘍に向かって上下左右4方向と，さらにそれぞれの中間方向とで，腫瘍の周囲の合計8方向に小切開によるマーキングを施す（**図3-9**）。巨大な腫瘍に対しては，さらにマーキング箇所

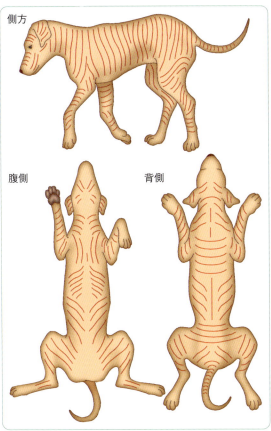

図3-8 犬の張力線の略図
暗記する必要はなく，大まかに知っておけば良い．実際には皮膚を触って動かしてみて最終的に評価する必要がある．

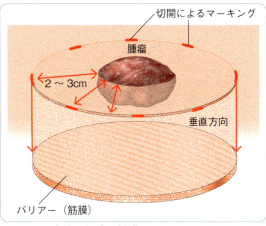

図3-9 広範囲切除の模式図
水平マージン2〜3cmと深部マージンとして筋膜を切除する例．

を増やすこともある．小切開によるマーキングの代わりにサージカルペンで切開線を書いておくのも良い．

④ マーキングしたすべての小切開を滑らかにつなぐように全周を切皮する．腫瘤の形状に合わせて切皮すると，円形あるいは楕円形に近い創になるだろう．

＊切開後の創にかかる張力の予想が容易で，直線的な形状での閉創が予測される場合には，マーキングした小切開をすべて含む範囲で舟形に切除する．ただし，思わぬ皮膚の張力などによって想定通りの閉創ができないこともあるため，あまり推奨しない．創と縫合の形状については切皮前にある程度の想定をしておくが，最終的には切除後の実際の創の形状とテンションを考慮して縫合の形状を決定する．

⑤ 切皮したら，深部方向に向かってなるべく垂直に，バリアーとして期待する構造物（主に皮筋，四肢の深筋膜，深部筋）に到達するまで組織を切り進める．腫瘍自体または反応層（肉眼的変色部）が術野に直接見えることがあってはならず，2〜3cm以上の厚みの正常組織で包み込むように一括切除する（**図**

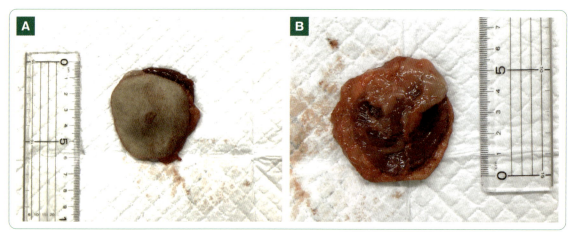

図3-10　雑種犬の右胸壁に生じた低グレード肥満細胞腫の底部切除縁
広背筋の一部とともに一括切除した。

3-10）。生検時に腫瘍細胞が播種している可能性があることから，針やパンチを刺入した経路も含めて切除する。電気メスの乱用は切除縁の組織学的評価に影響することがあるため筆者は避けるようにしている。

⑥ 皮筋（頭頸部における広頸筋や体幹部における体幹皮筋）や四肢の深筋膜を切除するか，深部筋から筋膜を剥がして底部の切除縁とする（図3-11）。部位により深部筋からの筋膜の剥離が困難な場合には，筋肉ごと一部切除することも考慮する。深部にバリアーとなる構造が存在しない場合，もしくは切除に耐えない場合には，可能な限り結合組織を厚く切除することで底部の切除縁とせざるを得ないが（図3-12），その場合は常に不完全切除の可能性を想定して対応するべきである。

⑦ 切除後は，腫瘍の播種を防ぐために手術器具や手袋を交換してから閉創に取り掛かる。術野の洗浄には播種を防ぐ可能性と拡大させる可能性の賛否両論あるが，筆者は乾燥を防ぐ意味も含めて，生理食塩液を用いた洗浄を実施することが多い。

標準的な縫合閉鎖法

創がさほど大きくないか，皮膚に余裕があって，強いテンションを感じることなく創縁を寄せることができる場合には標準的な方法のみで対応できる。とくに悪性腫瘍の不完全切除の可能性がある際には，複雑な閉鎖法で広範囲に播種させてしまうことを避けるため，なるべく単純な方法で閉鎖を試みるのが望ましい。ここで解説するのは術創の張力を緩和するための基本手技であり，後述する減張切開や局所皮弁および軸状皮弁を用いる場合にも常に併用される。

① 一般的な張力線を参考にして（前ページ図3-8），閉創を行いやすい方向の見当をつけておく。創は張力線に沿って周囲に牽引されるため，張力線と平行方向には皮膚を寄せにくく，垂直方向に寄せやすい。すなわち創は張力線に沿った方向を長軸とするほうが閉鎖が容易となる。

② 張力線にこだわりすぎないよう，周囲の皮膚をつまみ上げたり伸展させたりして，実際の

3. 切除と創閉鎖のテクニック

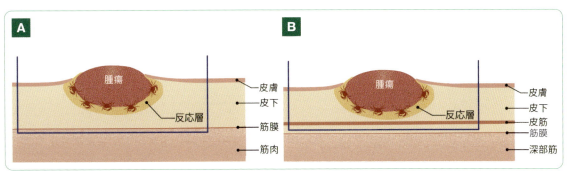

図3-11　深部マージンの原則
A：筋膜を切除縁とする場合。
B：皮筋を切除縁とする場合。

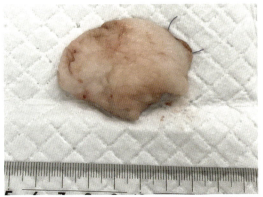

図3-12　パグの腋窩に生じた低グレード肥満細胞腫の底部切除縁
浸潤性は高くないことが予想されたが，念のため厚い皮下脂肪の層とともに一括切除した。底部のバリアーとなる構造は切除されていないことに注意。

皮膚の可動性を評価する。四肢などの可動部位周辺では動的評価も重要であり，肢を屈伸させてみて，とくに最大伸展時や最大屈曲時にテンションがかからないような閉創をイメージする。

③ 三角形および四角形に近い形状の創は，それぞれの角から求心性にＹ字およびＸ字に縫合していくと仕上がりが良いことが多い（**図3-13A，B**）。円形に近い創もさまざまな方向から皮膚を寄せてみてＹ字（**図3-13C**）やＴ字やＸ字に閉鎖することを検討する。

＊可能であれば，張力線に沿って改めて創を舟形に拡大切除し直して直線状に縫合を試みても良い。ただし，とくに大きな創では創縁にかかる張力が強くなりがちな上，思わぬ皮膚の張力などによって想定どおりの閉創ができないこともあるため，あまり推奨しない。③のように，多方向から皮膚を寄せたほうが全体的なテンションは緩和しやすいことが多い。

④ 皮下の結合組織を剥離し，皮膚をその直下の組織から分離して移動しやすくすることによって，創にかかる張力を緩和する（アンダーマイニング）。深部から皮下組織に到達した皮動脈（直接皮膚動脈）は浅筋膜／皮筋レベルを水平に走行し，その分枝が皮下組織において深部血管叢を形成する（**図3-14**）。アンダーマイニングの際にはこれらを温存するために皮下組織をなるべく厚く（浅筋膜／皮筋を含んで）皮膚側につけたまま，深部筋や体壁の直上で剥離すると良い。これは後述する皮弁作成時には，とくに重要となる。深部から皮下へ向かう皮動脈を損傷することなく大きく剥離するためには鋏を水平方向ではなく垂直方向に開くように使うと良い（**動画6**）。

⑤ 深部から分離して動かせるようになった皮膚を希望の位置まで移動させ，2-0または3-0の

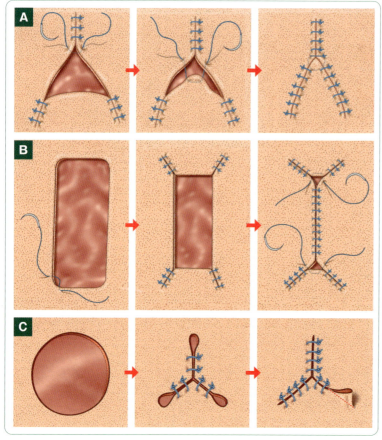

図3-13 さまざまな形状の皮膚欠損の閉創
A：三角形の欠損はY字に縫合しやすいことが多い。
B：四角形の欠損はX字に縫合しやすいことが多い。
C：円形の欠損はまず少なくとも3方向からY字に寄せてみる。必要に応じてドッグイヤーを処理する。

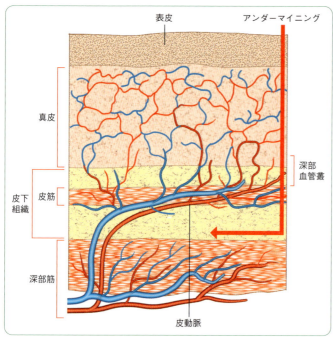

図3-14 犬・猫の皮膚の血液供給
アンダーマイニングを皮下組織深部レベルで行うことによって血行を温存できる。

3. 切除と創閉鎖のテクニック

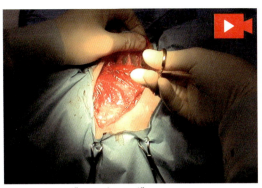

動画6　アンダーマイニング

https://e-lephant.tv/ad/2004205

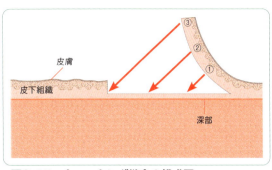

図3-15　ウォーキング縫合の模式図
皮膚を自然な位置よりも少し引っ張って固定することを奥から段階的に繰り返して、①から③の順に少しずつ皮膚を引き伸ばしながら前進させる。

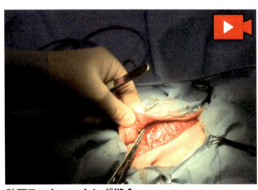

動画7　ウォーキング縫合

https://e-lephant.tv/ad/2004206

吸収糸で真皮を拾って深部の筋膜などに単純結節縫合にて固定する。創縁を接合させるにはまだテンションが強いようであれば、ウォーキング縫合を用いて（図3-15）、創の奥から手前に向かって段階的に張力を分散させながら、皮膚を手繰り寄せるように前進させると良い（動画7）。皮下の血行阻害を最小限にするために、視認できる皮動脈は穿刺しないよう注意しつつ、密に行い過ぎないように、2～3cm以上の間隔を空けて実施する。死腔を埋めて漿液腫を予防する効果も期待できる。

⑥ 皮膚の縫合前に皮下組織を縫合することも立派な皮膚の減張法である。少なくとも皮下-皮膚の2層縫合にて閉創する。大きな創の皮下縫合においては、端からいきなり連続縫合を開始するのではなく、分割して縫合すると辻褄を合わせやすい。まずは創の中間点や、さらにその中間点（1/4分割点）など、要所要所を単純結節縫合でとめた後に、垂直または水平連続縫合にて皮下組織を合わせていく。

⑦ とくにテンションが強い場合には、さらに皮内水平連続縫合を加えて皮下-皮内-皮膚の3層縫合を検討する。皮内縫合によって皮膚はより並置しやすくなり、整容的な縫合創とすることができる。

Column
舟形切除と簡易法

生検トレパンを用いた皮膚生検や切除を行った後の丸い創を縫合しようとすると，端がなんとなく「美しく」ならず，気になってしまうのは筆者だけだろうか？

一般に直線状に並置縫合するためには，円形創よりも舟形創のほうが好都合である。生検の小さな創ならまだ良いが，大きな創ほどその傾向は顕著となる(図1)。したがって，皮膚腫瘍の切除では閉創を考慮して，あらかじめ舟形あるいは紡錘形に切皮することも多い。

しかし，小型皮膚腫瘍の切除生検のように，とくに切除範囲が小さい場合には，メスできれいな対称性の舟形に切開を施すのは困難に感じる(図2)。そもそも，メスという刃物は直線的な切開に関しては優れた器具であるが，曲線的な切開を得意とするものではない。むしろ曲線的な切開の際に操作性に優れるのは実は「鋏」である。

図3のように，皮膚をテント状に摘み上げておいて，その基部を外科鋏で切断する。これだけで，その創は対称な舟形に近くなる(図4)。

このように手技を簡略化することで，所要時間や動物の不動化が最低限で済み，時には全身麻酔すら必要なく，局所麻酔下での切除が可能となる。もちろんこの方法では，深部(底部)の切除縁を広く取ることは不可能であるため，局所浸潤性の強い悪性腫瘍の切除などには決してお勧めしない。また，厚みのある皮膚に対してこの方法で切除すると，皮膚の切断面が斜めになり，縫合時の並置が困難となることがあるので注意が必要である。

図1-Aでドッグイヤーの話が出たついでに，「簡易舟形切除法」を応用した「簡易ドッグイヤー矯正法」も紹介しておきたい。ドッグイヤーができてしまった際にそれを切除して矯正するための各種の処理法が知られている(図5)。実はここでも単純にドッグイヤーの頂点をピンセットで摘み上げ，その基部を外科鋏で切断するだけで，お手軽に矯正が可能となることが多い(図6)。

なお，悪性腫瘍の外科手術や大きな創閉鎖においては，不完全切除や創の裂開にともなう再手術も想定して，後で再建に利用できるかもしれない皮膚を少しでも温存するという観点から，あえてドッグイヤーを切除しないケースもある。醜いドッグイヤーにも使い道はあるかもしれず，常に美容面を優先することが正解とは限らない。

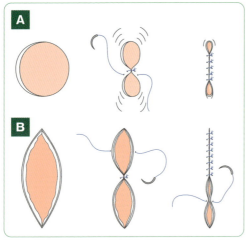

図1　切皮の形によって縫合の見た目が変わる
A：円形創の縫合では，辺縁部に「皮膚の余り（ドッグイヤー）」が生じてしまう。
B：舟形創の縫合では，直線状にきれいに縫合できる。

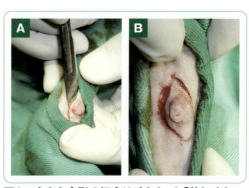

図2　小さな舟形の切皮は時として「美しくない」創となる

3. 切除と創閉鎖のテクニック

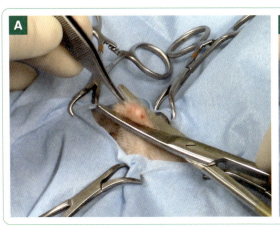
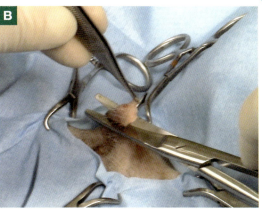

図3　外科鋏による簡易舟形切除
ピンセットで摘み上げて鋏で切断するだけの簡便な方法である。

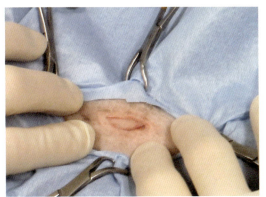

図4　簡易舟形切除後の創
対称に近い舟形の創は，直線状の閉鎖が容易である。

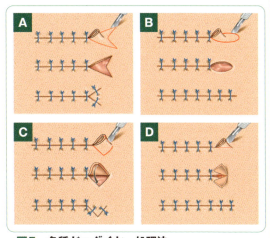

図5　各種ドッグイヤー処理法
術者の好みにより選択される。

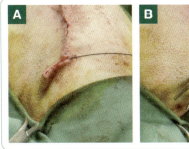
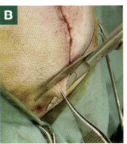
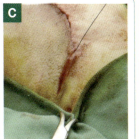

図6　簡易ドッグイヤー矯正法
A：皮下縫合を進める過程でドッグイヤーが生じた。
B：ドッグイヤーの頂点をピンセットで摘み上げて外科鋏で切除した。
C：手軽に創縁が平坦に矯正された。

減張切開

　創付近の皮膚に切開を加えることで創縁にかかる張力を緩和させることができる。最初から閉創の計画に組み込むこともあるが，筆者は原則として，まずはやや強引にでも標準的な方法での閉鎖を試み，「なんとか創縁が寄るもののテンションが強い」という場合に，後から追加で実施している。なかでも多孔減張切開（実施後の皮膚が網目状を呈するためメッシュ状切開ともよばれる）は簡便な割に活躍するシーンが多く，習得しておきたい手技のひとつであり，とくに巨大な皮膚欠損の閉鎖や四肢遠位に対してほかに有効な手段がない場合などに多用する。皮弁との併用を考慮することもあるが，皮弁自体への切開は血液供給を阻害する可能性があるため，なるべく避けたほうが無難であろう。なお，切開を施しても十分な減張が達成されなかった場合には，改めてもとの皮膚欠損の一部を開放創とし，二期癒合を併用して治癒させることも検討する。

メッシュ状切開（多孔減張切開）（図3-16）

① アンダーマイニング後にもテンションの強い部位に対して，やや強引にでも標準的な縫合法で閉創する。
② 創縁から1cm以上離れた位置に，創と平行にメスで約1cm長の小切開を加える。表皮のみでなく真皮まで切開する必要があり，テンションが強ければ切開直後に「パツッ」と開大する。開大が不十分であれば切開創からモスキート鉗子を挿入して皮下組織を軽く剥離することもある。
③ テンションが許容範囲にまで緩和されるよう小切開を追加していく。切開の長軸方向に1cm程度離しながら新たな切開を並べる。

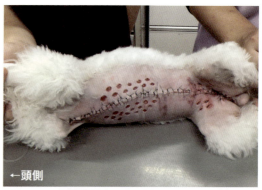

図3-16　小型肥満犬の片側乳腺全摘後に追加したメッシュ状切開
3カ月前に対側の片側乳腺全摘を実施されていた。とくにテンションの強かった胸部と鼠径部に切開を加えているが，胸部にはまだテンションが残っている様子が見受けられる。

④ 必要に応じて2列目，3列目の切開を追加する。切開の短軸方向に1cm程度離して，隣の列と互い違いになるように切開を並べる。
⑤ 切開の数が増えて減張が達成されるに従って，切開後の創が自然に開大する程度が弱くなるので，それを目安に切開の追加を終了する。
⑥ 切開創は二期癒合で管理するが，ひとつひとつの創が小さいので通常は迅速に治癒する。当初は炎症が強く，浸出液が切開創からドレナージされることから，被覆して頻繁な包帯交換が必要となる場合が多い。原則として湿潤療法を実施するが，浸出が減ったら乾燥させて痂疲形成により管理することも少なくない。

単純減張切開

① 創縁から1〜2cm以上離れた位置（少なくとも創の長さの1/4以上の距離を離すのが良い）に，創とおおむね平行にメスで皮膚を切開する（図3-17A）。切開が創に近すぎると血行が十分に維持されない可能性があるため

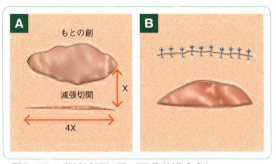

図3-17　単純減張切開（双茎前進皮弁）
創から切開までの距離と切開の長さに注意する。

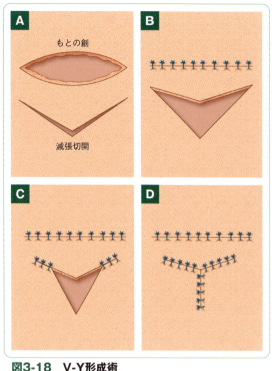

図3-18　V-Y形成術
V字に横に切った減張切開創を一部縦に縫うことで，張力を緩和しながら閉鎖する。

注意する。

② アンダーマイニングした皮膚をもとの創の方向へ寄せて閉鎖する（**図3-17B**）。

③ テンションが十分に緩和されるよう切開の長さを延長する。創の長さと同程度の切開が望ましいが，十分な血行を保つためには創縁から切開までの距離の4倍の長さまでが許容範囲となる。

④ 減張切開創は原則として湿潤療法により二期癒合させる。当初は炎症が強く，浸出液が切開創からドレナージされることから，被覆して頻繁な包帯交換が必要となる場合が多い。

V-Y形成術

① 創縁から1〜2 cm以上離れた位置（少なくとも創の長さの1/4以上の距離を離すのが良い）に，創の曲線に対して平行から少しV字になるよう角度をつけてメスで皮膚を減張切開する（**図3-18A**）。V字切開の角度が鋭角すぎると先端の血行不良につながるため注意する。

② アンダーマイニングした皮膚をもとの創の方向へ寄せて閉鎖する（**図3-18B**）。テンションによりV字の減張切開が三角形に近い形状に開大する。

③ 減張切開創をY字に縫合する（**図3-18C, D**）。「V字に横に切って一部を縦に縫う」イメージとなる。減張切開部分の横方向の伸展性が高く，中央に寄せて縦に縫う距離が長いほどもとの創縁に対するテンションは緩和される。

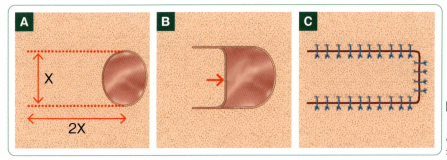

図3-19 前進皮弁（単茎前進皮弁）
皮弁の基部の幅と切開の長さに注意する。

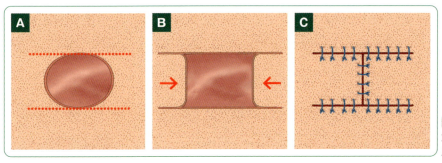

図3-20 H形成術
創を挟んで両側から前進皮弁を作成する。

局所皮弁

　減張切開で無理やり閉創すると，機能的もしくは美容的なトラブルが予想される顔面周囲などの場合や，大きな皮膚欠損が予想され，強引に行っても創縁の並置が難しそうな場合であれば，事前に皮弁による閉創を計画する。

　局所皮弁は，あらゆる部位の皮膚に適用可能であり，血液供給を特定部位の大きな皮動脈に頼ることなく，より末梢の血行であり皮弁の基部からランダムに流入する皮下深部血管叢（p.156，**図3-14**）に依存する。これらの血管叢を温存するため，皮弁作成時にはとくにアンダーマイニングを行う深さに注意し，皮筋が明瞭な体幹部などでは確実に皮筋を含めて作成する。皮筋が明瞭でない部位では深部筋膜の直上で分離すると良い。

　局所皮弁に利用できるサイズは決して大きくなく，基部の幅の2倍までの長さとするのが原則である。例外的に広い面積の利用が可能な局所皮弁として，肘と側腹部の「ひだ皮弁」（elbow fold flap / flank fold flap）があり，生着率も高いので覚えておきたい便利な方法である。局所皮弁の中でも，回転皮弁や転移皮弁などは切開ラインの計画がやや複雑となり，慣れが必要であるため，ここでは切開のルールが簡潔で実施が容易な前進皮弁（単茎前進皮弁）について紹介する。尾根部や肛門周囲に適用できるほか，伸展性の高い頸部の皮膚を用いれば，頭頂部や頬から耳下にかけての創閉鎖に有用である。

前進皮弁（図3-19）

① 欠損部の幅に合わせて平行もしくは皮弁の基部に向かってやや末広がりになるように2本の切開を加える。皮弁に十分な血行を保つために，切開は皮弁の基部の幅の2倍の長さまでが許容範囲とされる。

3. 切除と創閉鎖のテクニック

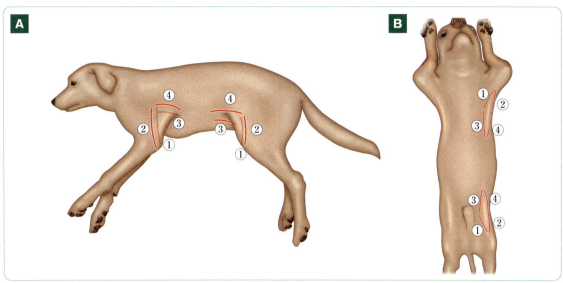

図3-21 肘ひだと側腹ひだの解剖
肘ひだ，側腹ひだともに，三角形に二つ折りされた四角形の皮膚からなり，①肢の内側と②肢の外側，③体幹の内側と④体幹の外側の4辺の付着部を有する。

② もし皮弁の先端に鋭角部分ができてしまったなら，後に壊死しやすいため，この時点で角を丸く切除しておくと良い。
③ 皮弁の下にアンダーマイニングを施し，欠損部に前進させて縫合する。
④ 前進にともなうテンションがまだ強い場合には，四肢などでは創を挟んで反対側にも同様の皮弁を作成して両サイドから前進させることによりH字型に閉鎖する（H形成術）こともできる（前ページ図3-20）。

皮膚ひだ皮弁（肘ひだ皮弁／側腹ひだ皮弁）

① 皮弁の伸展性が高いため，とくに広範囲の毛刈りを実施する。ひだの付着部を認識し（**図3-21**），肢を屈伸させて，ひだの伸展性を確認する。4辺の付着部のうち任意の3辺を切離し，残りの1辺を皮弁の基部とすることで，三角形に2つ折りされたひだを四角形に拡げて利用するイメージで閉鎖を計画する。

② 皮弁を体幹側（肘ひだなら腋窩や胸壁方向，側腹ひだなら鼠径や側腹部方向）へ適用したい場合（**図3-22**）には，肢への付着部（**図3-21**の①と②）をまとめて切離する。
③ 皮弁を肢側（肘ひだなら上腕の内外側方向，側腹ひだなら大腿の内外側方向）へ適用したい場合（**図3-23**）には，体幹への付着部（**図3-21**の③と④）をまとめて切離する。
④ 肢の切開創（**図3-21**の①と②）もしくは体幹の切開創（**図3-21**の③と④）は通常は単純な縫合閉鎖が可能である。
⑤ 残りの付着部の片方を皮膚切開することにより，三角形の袋状に2つ折りされていたひだが四角形に切り開かれる。そのまま切開を閉鎖したい欠損部までつなげる（ブリッジ切開）。
⑥ 作成した四角形の皮弁を欠損部に移動させて縫合する。一見したひだのサイズの2倍の面積を利用できるため，思いのほか有用性が高い。

163

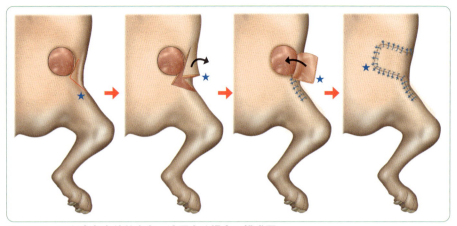

図3-22 ひだ皮弁を体幹方向へ適用する場合の模式図
ひだの肢付着部を切離し，さらに体幹付着部の外側または内側を切開して2つ折りにされた皮弁を切り開くことで体幹の外側または内側を被覆できる。図は鼠径部（体幹内側）への適用を内側面から観たところ（図3-21Bの①，②，③を切離し「④体幹の外側」が皮弁の茎部となっている）。

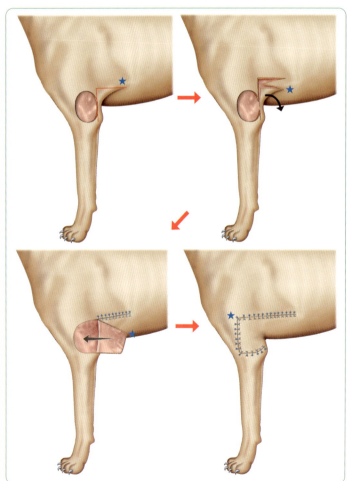

図3-23 ひだ皮弁を肢方向へ適用する場合の模式図
ひだの体幹付着部を切離し，さらに肢付着部の外側または内側を切開して2つ折りにされた皮弁を切り開くことで四肢近位の外側または内側を被覆できる。図は上腕外側への適用を外側面から観たところ（図3-21Aの②，③，④を切離し「①肢の内側」が皮弁の茎部となっている）。

Memo

陰嚢皮弁

あまり一般的ではないが，未去勢雄犬の陰嚢を用いた閉創例を紹介する（**図1**）。陰嚢も，ひだ皮弁と同様に，切り開くことによって思いのほか広範囲の皮弁として利用でき，適用範囲は大腿尾側から内側および外側とされている。局所皮弁に分類されるが，犬の陰嚢への主要な血液供給は腹側会陰動脈に由来していることが確認されており，皮弁の基部を陰嚢の尾側とすることで高い生着率が期待できる。もちろん実施にあたっては去勢手術の併用が必須である。

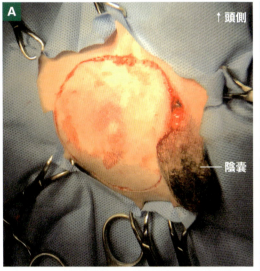
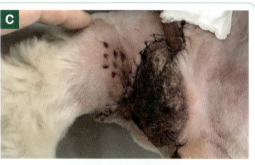

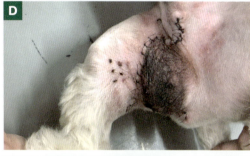
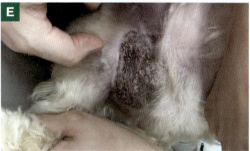

図1　右大腿内側の肥満細胞腫切除後に陰嚢皮弁を適用した雑種犬の例
A：皮膚肥満細胞腫に対する広範囲切除と去勢手術を実施した。
B：陰嚢皮弁だけではテンションが強かったため，膝内側にメッシュ状切開を追加し，湿潤療法で管理した。
C：術後1週間でメッシュ部分からの排液が減少し，良好な肉芽形成と収縮による閉鎖が始まっている。包帯を解除して湿潤療法を終了とした。
D：術後2週間でメッシュは痂疲化して収縮がさらに進んでいる。
E：術後2カ月の時点で皮弁は完全に癒合し，メッシュの痕跡もほとんどわからない。

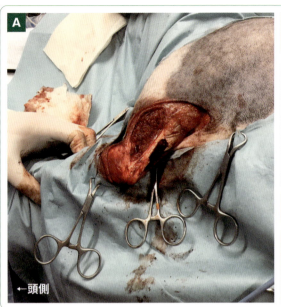 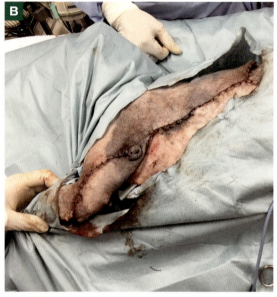

図3-24　雑種犬の左上腕に生じた高グレードの軟部組織肉腫の手術例
A：底部マージンとして一部の深部筋膜を含めた広範囲切除を実施し，後の病理組織検査にて完全切除が確認された。あらかじめ軸状皮弁による閉創を計画し，広範囲の毛刈りと術野の準備をしてある。
B：胸背動脈皮弁（厚く発達した体幹皮筋を用いた筋皮弁）を用いて閉創した。

軸状皮弁

　主要な皮動脈が基部から流入するよう皮弁を作成することにより，皮下血管叢だけから血液供給を受ける局所皮弁よりも血行が温存されやすく，大きな皮弁を作成できる（**図3-24**）。100点満点の実施は難しいかもしれないが，手技の原則にきちんと従い，よほどの失宜がない限りは，皮弁の大部分は生着するはずである。部分的な壊死が生じてしまったとしても，最終手段として後述する二期癒合で対応できることが多いため，必要とあらば臆せず挑戦すると良い。

　犬・猫での適用が知られている軸状皮弁は各種あるが，なかでも大きく作成かつ広範囲に適用可能で，生着率が比較的高く活用しやすいものとして，ここでは以下の3つを紹介する。胸背動脈皮弁は胸壁，肩，腋窩，前肢，肘，猫や肢の短い犬では手根までの適用が可能である。中型犬以上のサイズの動物では体幹皮筋が厚く発達していることが多く，厳密には皮弁というよりも「筋皮弁（体幹皮筋皮弁）」として，採取部位などを区別している成書もある。浅後腹壁動脈皮弁は下腹，側腹，包皮，会陰，大腿内外側，膝，猫や肢の短い犬では足根まで利用できる。もれなく乳腺や乳頭が付属してくるため，雌では乳汁分泌や乳腺腫瘍の発生を考慮して卵巣子宮摘出術を推奨する。深腸骨回旋動脈は腹枝と背枝に分岐し，そのいずれも軸状皮弁に利用できるが，腹枝のほうが実施が容易で使い勝手がよく，尾側体幹外側や臀部外側をカバーできる。ランドマークさえ知っておけば，実施にあたっての基本的な手技は共通である（**表**

3. 切除と創閉鎖のテクニック

表3-1 主な軸状皮弁

栄養血管	胸背動脈	浅後腹壁動脈	深腸骨回旋動脈(腹枝)
起始部	肩関節尾側の陥凹部	鼠径輪	腸骨翼の頭腹側縁
採取角度	肩峰から肩甲棘に沿って頭側ラインとする	最後乳頭レベルから正中線を内側ラインとする	起始部と大転子との中間点から大腿外側中央に沿って尾側ラインとする
採取幅	起始部～肩峰の距離の2倍の幅で頭側ラインと平行な尾側ラインとする	正中～最後乳頭の距離の2倍の幅で内側ラインに平行な外側ラインとする	起始部～尾側ライン開始点の距離の2倍の幅で尾側ラインに平行な頭側ラインとする
採取長(最大)	背側正中まで	第2乳腺まで	膝関節の近位まで
採取深度	広背筋直上まで	腹壁直上まで	深部筋膜直上まで
適用範囲	胸壁,肩,腋窩,前肢,肘,手根*	下腹,側腹,包皮,会陰,大腿内外側,膝,足根*	尾側体幹外側,臀部外側

＊肢の短い個体の場合

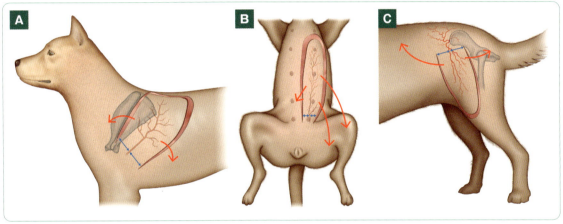

図3-25 主な軸状皮弁
栄養血管となる体表の主要な皮動脈と皮弁の採取部位を示す。
A：胸背動脈皮弁の模式図。
B：浅後腹壁動脈皮弁の模式図。
C：深腸骨回旋動脈（腹枝）皮弁の模式図。

3-1，図3-25）。

① 広範囲の毛刈りを実施するが，毛刈りの際にいたずらに皮膚を傷つけないよう，とくに注意する。

② 皮弁採取部位のランドマークを確認して切皮する。皮下脂肪が厚ければ皮動脈は術中の視認が困難なことも少なくない。皮膚の裏から光で照らすなどして確認する場合もあるが，むしろ皮下組織を剥離して視認にこだわると思いがけず損傷するリスクもあるため，原則として解剖学的なランドマークから機械的に皮弁の採取部位を決定すれば十分である。

③ 止血のための電気メスの使用は最小限にとどめ，とくに皮下組織からの出血に対してはで

きるだけ圧迫止血で対処し，皮動脈を損傷する可能性のある行為を回避する。

④ 皮動脈だけでなく皮下の深部血管叢を温存するため，アンダーマイニングを行う深さに注意し，皮筋が明瞭な体幹部などでは確実に皮筋を含めて皮弁を作成する。皮筋が明瞭でない部位では，深部筋膜の直上で分離すると良い。

⑤ 皮膚はピンセットなどで強く把持することを避け，指や支持糸を用いて愛護的に扱う。

⑥ 皮弁を移設してみて強めのねじれが生じたり，血管の狭窄が心配される場合には，明らかに皮動脈が確認可能かつ温存されているのであれば，茎部の皮膚も切開分離して島状皮弁とするほうが好ましいこともある。

⑦ 皮弁に対するウォーキング縫合や減張切開は行わない。これらの処置は必要であれば皮弁を適用する周囲の皮膚側に実施する。

⑧ 皮膚縫合前には皮下縫合よりも皮内連続縫合が好ましい。

⑨ 死腔を防ぐために積極的にドレーンの設置を考慮する。感染を防止するために閉鎖吸引ドレーンが望ましい。もし切除が不完全であった場合に，ドレーンの設置により腫瘍の播種を助長する可能性は否定できないが，大きな皮弁の作成時にすでに広範囲の播種リスクがあることを考えると，その後にドレーンを入れようが追加のリスクは大きくないと考える。むしろ最初から，軸状皮弁を選択するのは，腫瘍の完全切除が確実視される場合のみに限定すべきであろう。

⑩ 死腔を防ぐほか術創を外力から保護する目的で，筆者はゆるめの圧迫包帯を好んで実施する。強すぎる圧迫や不適切な包帯による皮弁の血行阻害に注意する。

二期癒合による閉鎖

縫合せずに開放創とし，1〜2カ月以上かけるつもりで自己治癒による閉鎖を待つ方法である。とくに四肢遠位などほかに閉創に有効な手段がない場合にあらかじめ計画されるケース（計画的二期癒合）と，各種の閉鎖法が成功せず皮膚が壊死脱落した場合にやむを得ず選択されるケースが考えられる。また，減張切開の開放創も二期癒合に任せるのが一般的である。モイストウーンドヒーリング（湿潤療法）の原則に従って，適切なドレッシング法により創を乾燥させることのないよう管理することで，良好な肉芽組織で皮膚欠損が埋まり，収縮や上皮化によって創が閉鎖することをゴールとする。上皮化によって治癒した皮膚は薄くて容易に裂けてしまう可能性があるが，関節部分以外であれば日常生活には問題ないことが多い。現在ではさまざまなドレッシング材が利用可能であり，ベストなものにこだわるとキリがないが，ここでは筆者が主に実施している簡略化した方法を紹介する（図3-26）。

① 皮弁の破綻などにより壊死組織が存在する場合には，まずその整理から始める（図3-27）。黒色化もしくは白色化して乾燥した明らかな壊死部分に対しては，痛覚が消失しているはずであり，外科鋏などでの外科的デブリードメントを実施する。紫への変色など皮膚の生存性が明らかでない場合は，「疑わしきは罰せず」の原則に従い，切除せずに数日間の経過を待つ。壊死した組織を選択的に除去する化学的デブリードメントとして，ブロメライン軟膏を塗布する。生理食塩液で濡らして絞った2重もしくは3重のガーゼで被覆した後，さらにその上から乾いたガーゼ数枚で被覆し

3. 切除と創閉鎖のテクニック

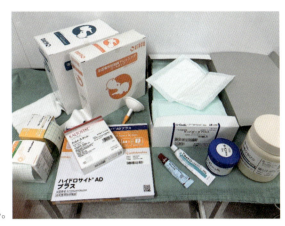

図3-26　二期癒合の創傷管理に利用する材料の例
筆者はこれ以上の特殊な材料を必要とすることはまずない。

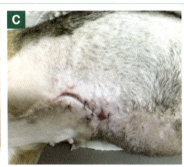

図3-27　巨大な乳腺腫瘍を含む片側乳腺全摘後の創縁の壊死
A：術後約2週間で強い張力に起因する虚血と感染によって創縁の一部が壊死した。
B：ブロメライン軟膏塗布開始2日後には壊死組織のデブリードメントが完了しつつある。
C：さらに2日後には主に収縮による二期癒合で閉鎖が進行している（一部無麻酔で縫合を追加している）。

（wet-to-dryドレッシング），浸出液の量に応じて1日1～3回の包帯交換を行う。

② 感染があれば適切にコントロールする。浸出液の細胞診で細菌と貪食像をともなう変性好中球の出現が確認され，局所の発赤・腫脹・熱感・疼痛といった炎症徴候がみられる場合には，細菌培養感受性試験の結果に基づく抗菌薬の全身投与を考慮する。感染が強ければスルファジアジン銀クリームの外用を併用するが，細胞障害性も考慮して必要最低限にとどめる。局所に炎症の徴候が認められなければ，明らかな感染はないものとみなし，生理食塩液による洗浄で清潔を保つ。

③ 癒合遅延因子の制御のために，全身状態や内科疾患の管理が必要となることもある。

④ 炎症が強く浸出液が多い時期（炎症期）には，適度な湿潤環境を維持しつつ過剰な浸出液の吸収を目的としたドレッシングを行う。創が清潔に管理されていれば，ポリウレタンフォームで被覆するか，創からの出血が多ければアルギン酸塩ドレッシング材を利用して，包帯交換の頻度を2～3日おきに減らすことができる。それでも少なくとも最初の3日間は毎日包帯を開いて創の状態を観察し，

必要に応じて生理食塩液で洗浄するのが望ましい。経済的理由から，より安価な非固着性透湿防水性ポリマーシート（パッド）を使用することも少なくない。

⑤ 肉芽組織が形成されて浸出液が少なくなったら（増殖期），創傷治癒のための線維芽細胞やサイトカインなどを保持しつつ，修復途上の脆弱な上皮細胞や新生血管を保護する目的のドレッシングに切り替える。乾燥したガーゼで上皮を剥がし取ったり，消毒薬で生細胞を傷めつけたりするような，自己治癒力の邪魔をしないことを第一に考える。ハイドロコロイドテープを貼付するか，白色ワセリンを塗布（塗布というよりむしろ「盛る」）した上から非固着性ガーゼで被覆し，数日〜1週間ごとの包帯交換へ移行する。この段階での良好な肉芽組織は感染抵抗性が高く，創の細菌が少しぐらい増えたとしても，炎症の徴候さえ強くなければ，抗菌薬は必要ないことが多い。

⑥ 治癒過程で肉芽組織が過剰となって皮膚よりも隆起した場合には，ステロイド外用薬の塗布を検討する。

⑦ 湿潤療法を継続していると，あと一歩のところで治癒の進行が止まってしまうことがある。その場合は思い切って包帯を解除して湿潤療法を中止するのも一案である。創の乾燥と痂疲化を促すことによって痂疲下で治癒が進むことも少なくない。

3. 切除と創閉鎖のテクニック

Column
二期癒合を少し深掘りする

　開腹手術後の皮膚縫合のように，創面どうしを密着させることにより，肉芽組織や瘢痕の形成が最小限で，すみやかに元どおりに近い正常な組織構造を取り戻す治癒の形態を一期癒合（一次治癒）とよぶ。一方で，縫合されずに開放創で管理された場合には，より長い時間をかけて皮膚の欠損部分が肉芽組織形成を経て瘢痕組織へ置き換わるとともに，創の周辺から中心に向かって筋線維芽細胞による収縮が起こり，さらに中央部への上皮細胞の遊走（上皮化）により創が閉鎖される（**図1**）。この一連の過程を二期癒合とよぶ。

　収縮と上皮化そして皮弁を含めた特徴の比較を**表1**に示す。

　収縮の機転においては周囲の正常な皮膚が引き寄せられるため，強度や発毛が保たれた皮膚による閉鎖が可能であるが，創周囲に皺襞が残るため整容性に劣る（**図2**）。逆に，主に上皮化によって閉鎖された皮膚は，皺にならない点では比較的見た目が良いが，毛包構造を欠くため脱毛が目立つ傷痕となるほか，真皮層が薄く脆弱で裂けやすい（**図3**）。上皮化のみで広範囲の層を閉鎖することは難しいが，収縮が進行すれば上皮化も進みやす

図1　収縮と上皮化による二期癒合の模式図

表1　各種創閉鎖法の比較（私見）

	二期癒合		皮弁
	収縮	上皮化	
治癒速度	○〜△	△〜×	○
皮膚強度	○	×〜△	○
発毛	△〜○	×〜△	○
拘縮の回避	△〜×	△〜○	○
整容性（見た目）	△〜×	△〜○	○〜△
容易性	○	△〜○	△〜×

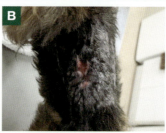

図2　収縮による犬の頸背部の迅速な二期癒合
A：咬傷にともなう頸背部の膿瘍が自壊し，この後に直径3cmほどの皮膚欠損が生じた。
B：1週間後には強い瘢痕収縮がみられすでにほぼ閉鎖している。
C：さらに1週間後には完全に閉鎖したが，収縮による皺襞が強く残った。

い。適度な湿潤状態と良好な肉芽組織床を保てば，収縮は比較的速やかに進行し，管理は容易である。人医療では瘢痕収縮による整容性が問題視される（美容的に許容されにくい）ことが多いものと思われるが，動物では収縮をうまく利用することで簡便かつスピーディーな治癒を期待するのも有用な選択肢のひとつと考えて良いだろう。筆者は収縮を進めるためにワセリンの塗布と非固着性ガーゼのみを使用することが多く，非常に安価な方法でもある。ゲンタマイシン軟膏のようなワセリン基材の抗菌外用薬がチューブ状製剤で使いやすいため，抗菌作用よりもむしろ単にワセリンによる保湿作用を目的として処方することも少なくないが，耐性菌の出現につながるため乱用は慎むべきかもしれない。

収縮のデメリットとして，関節の拘縮や，とくに顔面および肛門周囲などにおける変形や狭窄は問題となりやすい。また，関節部分（とくに屈曲時に緊張する側）の皮膚欠損に対しては，上皮化の破綻を繰り返したり，いつまでたっても癒合が進まなかったりすることが少なくないため，これらの部位では皮弁の適用を優先的に考慮したい（**図4**）。

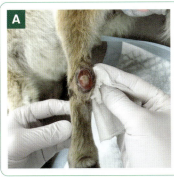 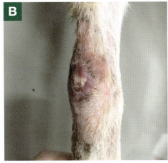 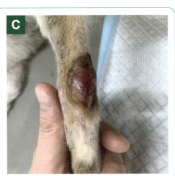

図3　収縮と上皮化による犬の踵部の二期癒合
A：褥瘡により踵骨の露出が認められる。
B：収縮と上皮化により6週間後には大部分が閉鎖したが，中央部分の肉芽が乏しい。
C：寝たきりで関節の負重と運動があまりなかったことが幸いして，さらに2週間の経過で上皮化により閉鎖した。皮膚は脆弱であり，関節の強い屈曲による裂開には注意が必要と思われる。

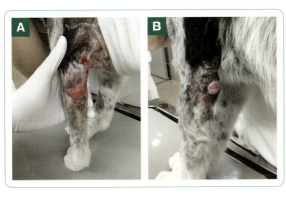

図4　犬の肘部の二期癒合の遷延化
A：軟部組織肉腫切除後の術創が裂開し，2週間後には良好な肉芽形成と収縮による創閉鎖の進行が認められた。
B：収縮がさらに進み肘頭部には周囲からピンク色の上皮化が起こっているが，4カ月を経過しても治癒に至らず，最終的には皮弁による閉鎖を実施した。

4. 自壊に対するテクニック

亜鉛華デンプン外用療法

　自壊にともなう浸出液や悪臭などの管理に有用であり，ちょっとした自壊創であれば，十分満足のいく治療効果が得られることが多い。簡便かつ侵襲性が低く在宅向けに処方できるほか，粘膜周囲や血管周囲，深い潰瘍などモーズペースト（後述）が使用できない部位にも適用が可能である。ベビーパウダーの成分とされることもあり，基本的に安全性は高いが，粒子が細かく使用時に宙に舞うため，吸入したり目に入ったりすることのないよう念のため注意する。こぼれやすい粉末を患部に適用するための工夫の例を示す。

ふりかけ法（図3-28A）
① ガーゼ1枚を広げた上に亜鉛華デンプンを載せてガーゼで包み込む。
② ガーゼごと軽く振って患部に均一にふりかける。
③ 必要に応じてガーゼなどで被覆してテープなどで固定する。

吹きつけ法（図3-28B）
① 点眼瓶などに亜鉛華デンプンを充填する。
② 容器を押して空気の勢いで患部に吹きつける。
③ 必要に応じてガーゼなどで被覆してテープなどで固定する。

ワセリンガーゼ法
① ガーゼに白色ワセリンを適量塗布する。
② ワセリンの上に亜鉛華デンプンを振りかける。
③ そのガーゼで患部を被覆してテープなどで固定する。

図3-28　亜鉛華デンプンの使用法の例
A：ガーゼに包んでふりかける方法。
B：点眼瓶に入れて吹きつける方法。

緩和的モーズペースト変法

　巨大な腫瘍の自壊などにより出血や浸出液，悪臭の制御が困難で，前述の亜鉛華デンプン外用療法では対応しきれない場合に奥の手として使用を検討している。劇物である塩化亜鉛を主成分として用いることから，取り扱いには十分に注意し，

表3-2　各種モーズペースト変法の組成例

国内の標準モーズペースト	
塩化亜鉛	5 g
精製水	2.5 mL
亜鉛華デンプン	2.5 g
グリセリン	1～2 mL*

セルロース基材のモーズペースト	
塩化亜鉛	5 g
精製水	2.5 mL
酸化亜鉛	1.25 g
セルロース	0.35 g
マクロゴール軟膏	0.9 g
グリセリン	0.2～0.4 mL*

カルボキシメチルセルロース（CMC）基材のモーズペースト	
塩化亜鉛	5 g
精製水	2.5 mL
CMC（約1％の食用色素添加）	0.5～0.75 g*

*仕上がりの硬度により調節する

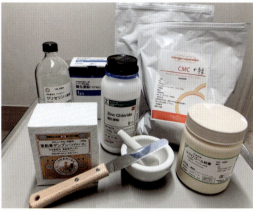

図3-29　各種モーズペースト変法の調製に必要な原材料の例
いずれも容易に入手可能で、高価な材料は不要である。塩化亜鉛は劇物扱いの試薬を用いる必要がある。

図3-30　国内における標準モーズペースト（左）とセルロース基材のモーズペースト（右）
デンプンを含有しないことによって、標準組成ペーストの数々の問題点が改良される。

グローブ、マスク、保護衣、保護メガネの着用など、抗がん剤の曝露防止に準じた対策を講じることが望ましい。また、調製に用いる器具などはこの用途専用とし、洗浄後の液体の亜鉛濃度を考慮して、家庭用排水に流すことは避け、ペットシーツなどに吸収させて産業廃棄物として処理するのが好ましいと考える。

① ペーストを調整して準備しておく（**表3-2, 図3-29～31**）。成分に亜鉛華デンプンを含む国内の標準モーズペーストは粘性（糸曳き）による塗りにくさや浸出液の吸水による液状化などがしばしば問題となるため、筆者はそれらが改良されたセルロース基材のペースト

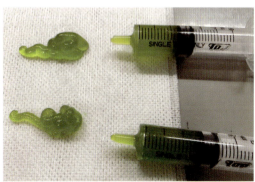

図3-31　CMC基材のモーズペースト
配合するCMCの量により硬さを調整できる（視認性を高めるために食用色素で緑色に着色してある）。

を好んで使用している。獣医学領域で麻布大学のグループから報告されたカルボキシメチルセルロース（CMC）基材のペーストも保存可能かつ調製が簡便であり、細かな部位に適用しやすい利点がある。

② 周囲を広範囲に毛刈りし、生理食塩液で洗浄する（図3-32）。以降、場合により鎮静または全身麻酔も検討する。

③ 必要に応じて局所麻酔外用薬を塗布する。筆者は潰瘍部分にはリドカインゼリーを10分間、自壊のない部分に適用したい場合にはリドカイン・プロピトカイン配合剤クリームを30〜60分間、ペースト処置の前に塗布することが多い。潰瘍部位への塗布は、局所麻酔薬の吸収速度上昇と過量投与の危険性に念のため注意する。

④ 周囲の健常皮膚に白色ワセリンを塗布して保護する。

⑤ ワセリンの上に食品用ラップを貼付し、部分的に穴をあけて、ペーストを適用したい範囲のみ露出させる。

⑥ ペーストを塗布する。厚く塗布すればするほど、また作用時間が長ければ長いほど、固定がより深部まで及ぶとされている。筆者は約2〜3mmの厚さで塗布し、1時間作用させることが多い。

⑦ 食品用ラップもしくはガーゼなどで被覆して粘着テープなどで固定する。ペーストの組成によっては、患部からの浸出液を吸収して液状化し、想定外の範囲までペースト成分が流れ出て皮膚障害を起こす可能性があるため、高吸水性素材（ペットシーツなど）で被覆するなどして十分に注意する。必要に応じてエリザベスカラーの装着などにより術部を保護しながら、ケージ内で安静を保つ。

動物の性格や状態または適用部位によって、被覆の固定や安静が難しいと判断される場合は、塗布後も動物を保定したまま時間の経過を待ち、例えば15分間など、より短時間で処置を終了することも検討する。ただしその場合には、より短期間での自壊の再燃と、より頻回の処置の必要性が想定される。

⑧ 予定時間が経過したらテープや被覆を外して、生理食塩液でペーストを洗い流す。状況によって程度の差こそあれ、この時点ですでに自壊組織は化学的に固定されて白色化または黒色化し、出血や浸出液が減少していることが多い。

⑨ 筆者はひとまず1週間後の再診を指示することが多いが、腫瘍の増大と自壊の再燃の経過をみながら、適切な頻度で処置を反復する。このとき、十分に固定された組織は必要に応じてメスなどによる切除を検討できる（自然と脱落することも少なくない）。

⑩ より積極的に腫瘍の減容積を目的とするならば、塗布の厚みを増したり、一度の処置での作用時間を長くしたり（例えば24時間など）、自壊部分だけでなく腫瘍全体に塗布範囲を拡大することを検討するが、より侵襲的な処置になることは間違いない。そもそも緩和目的の治療によって重い合併症が生じることは避けるべきと考えているため、筆者は原則としてそのような使用法は提案していない。

4. 自壊に対するテクニック

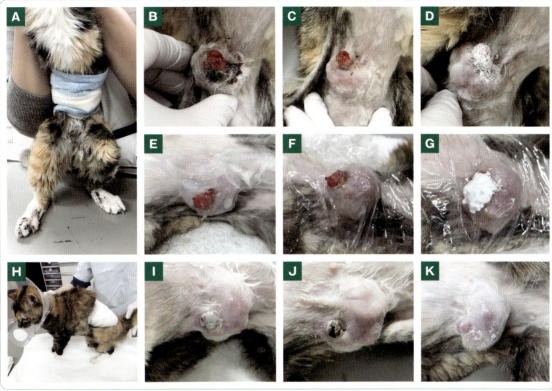

図3-32　自壊した乳腺癌からの浸出液と出血を主訴に来院した23歳の雑種猫
A：初診時には自宅で紙おむつを巻いて対策していた。後肢には乾燥した血液の付着がみられる。
B：紙おむつを外すと、わずかな毛細血管性出血の持続とともに軽度の化膿と悪臭を呈していた。
C：毛刈り後に生理食塩液で洗浄して痂疲を除去した。
D：数日間の亜鉛華デンプン外用在宅療法を実施したが、軽度の出血が持続した。
E：モーズペースト変法を実施した。本症例では腫瘤の縮小よりも自壊の管理を目的として設定した。自壊部分にリドカインゼリーを塗布し、周囲の正常な皮膚には白色ワセリンを塗布した。
F：白色ワセリンに貼付するように食品用ラップで被覆し、一部に穴をあけて、自壊部分だけ露出させた。
G：自潰部分にペーストを約2〜3mmの厚さになるよう塗布した。
H：ペーストの上から食品用ラップとテープで被覆し、エリザベスカラーを装着した。多量の浸出液が予想される場合にはガーゼや高吸水性素材で被覆すると良い。
I：院内で1時間ケージレストさせた後に被覆を外した。
J：生理食塩液で洗浄して可能な限りペーストを除去した。自壊部分は既に黒色化が認められ止血が達成されている。
K：1週間後の再診時には自壊部分の隆起が縮小して上皮化し、出血や浸出液は一切認められなかった。

参考文献

1. Prpich, C. Y., Santamaria, A. C., Simcock, J. O., *et al.* (2014): Second intention healing after wide local excision of soft tissue sarcomas in the distal aspects of the limbs in dogs: 31 cases (2005-2012). *J. Am. Vet. Med. Assoc.*, 244: 187-194.
2. 創傷・褥瘡・熱傷ガイドライン策定委員会（創傷一般グループ）(2023)：日本皮膚科学会ガイドライン，創傷・褥瘡・熱傷ガイドライン（2023）－1　創傷一般（第3版）．*日本皮膚科学会雑誌*, 133(11): 2519-2564.
3. Hunt, G. B. (1995): Skin fold advancement flaps for closing large sternal and inguinal wounds in cats and dogs. *Vet. Surg.*, 24(2): 172-175.
4. Hunt, G. B. (2002): Use of skin folds for reconstructive surgery in the dog and cat. WSAVA 2002 Congress.
5. 藤田淳 (2013)：総論. *Surgeon*, 17(1): 4-22.
6. 髙木哲 (2019)：減張法. *Surgeon*, 23(4): 12-29.
7. 細谷謙次 (2019)：皮弁法. *Surgeon*, 23(4): 30-54.
8. 清原祥夫，佐藤淳也，田口真穂編 (2021)：モーズペーストを使いこなす- 適応となる症例・使用方法・調製と管理．秀潤社.
9. 福山泰広，西山優太，上野宥那ほか (2022)：作り置き可能なカルボキシメチルセルロースを基剤としたMohsペーストによる犬猫の自壊皮膚腫瘍の治療．*獣医臨床皮膚科*, 28(4): 199-205.
10. 山本浩充，小林万里，芳賀吏那子ほか (2015)：がん切除手術に用いられるMohsペーストに関する製剤学的研究．*薬剤学*, 75(4): 264-270.
11. 佐藤淳也，藤澤晨，茂庭美希ほか (2016)：モーズペーストの利便性改善に向けた研究～基剤変更が組織深達度に及ぼす影響．*日本緩和医療薬学雑誌*, 9(1): 11-16.
12. 佐藤淳也，茂庭美希，藤澤晨ほか (2015)：モーズペーストの利便性改善に向けた研究 ～基剤変更が粘性に及ぼす影響．*日本緩和医療薬学雑誌*, 8(4): 103-109.
13. Grigoropoulou, V. A., Prassinos, N. N., Papazoglou, L. G., *et al.*(2013): Scrotal flap for closure of perineal skin defects in dogs. *Vet. Surg*. 42(2): 186-191.
14. Ibrahim, M. H., Degner, D. A., Stanley, B. J. (2022): Arterial supply to the scrotum: A cadaveric angiographic study.*Vet Surg*. 51(4): 658-664.

第4章

犬と猫の皮膚腫瘤
細胞診アトラス

4 犬と猫の皮膚腫瘍細胞診アトラス

本章の目的は，皮膚に腫瘍を形成する代表的な疾患についての細胞診写真を提供することにより，日常診療における診断もしくは仮診断に役立ててもらうことである。細胞診初学者の先生は，本書を顕微鏡の傍に常備して，採取された細胞と見比べながら，まずは「似ている写真」を探すために活用することになるだろう。ただし，細胞診による診断行為は単なる絵合わせ作業ではなく，総論で述べたとおり，まず動物の品種や年齢などを含むシグナルメントや経過，腫瘍の肉眼的特徴や触診所見などから鑑別診断をある程度絞り，その上で細胞所見を踏まえた総合評価により診断に近づく必要がある。また大前提として，あくまで細胞診で診断を確定できるケースは限られており，最終的な診断は病理組織学的検査に頼る必要がある場合が多いことを忘れてはならない。

検体採取から鏡検までの流れについては第3章1節『細胞診のテクニック』（p.144）に記載した。ここで，代表的な皮膚腫瘍の細胞写真を紹介する前に，細胞の観察法について一次診療で押さえておきたい最低限の解説をしておくこととする。より詳細な内容については専門書を参照されたい。

1. 細胞の観察法

腫瘍と炎症を区別する

体表腫瘍の細胞診では，まずは採取された細胞群が炎症細胞主体なのか腫瘍細胞主体なのかを大まかに判断する。「木を見て森を見ず」とならないよう，いきなり中〜高倍率で観察するのではなく，まずは低倍率で観察した際の印象を得ておくと良い。腫瘍であればモノクローナルな細胞増殖であるはずなので，同一の形態的特徴を有する均一な細胞集団として採取されるのが典型的な所見となる。一方で，炎症性病変の場合は均一な細胞構成を呈することはあまり多くなく，一般的には好中球，リンパ球，形質細胞，マクロファージ，好酸球などの炎症細胞がさまざまな比率で混在する。主に急性経過を示唆する好中球と，慢性経過により増加するマクロファージの割合により，前者が主体であれば急性化膿性炎症，後者が主体であれば慢性炎症，中間ならば慢性活動型化膿性炎症とよぶ。慢性炎症のなかでも，真菌，ある種の細菌，異物などの特殊な抗原刺激により，マクロファージが形を変えた類上皮細胞や多核巨細胞がみられる場合を肉芽腫性炎症とよんで区別する。とくに慢性炎症の過程で増殖した線維芽細胞は，あたかも核や細胞質の悪性所見をともなうかのような紡錘形細胞として観察され，間葉系（非上皮

表4-1 由来別の細胞学的特徴の例

	上皮系	間葉系(非上皮系)	独立円形
細胞数	多い	少ない	多い
個々の細胞形態	円形〜多角形	紡錘形〜多角形	円形
細胞同士の接着性	集塊・シート状	独立	独立
細胞の輪郭	明瞭（細胞間境界は不明瞭）	不明瞭	明瞭
イメージ			

系）悪性腫瘍細胞との鑑別が困難なことも少なくないため注意が必要である。炎症細胞をともなわずに紡錘形細胞が単一の細胞群として採取された場合には間葉系腫瘍を疑うが，マクロファージなどの炎症細胞と同時に出現している場合には，慢性炎症にともなう線維芽細胞の増殖である可能性が高いと評価するのが妥当であろう。また，腫瘍細胞と炎症細胞が混在するケースにもしばしば遭遇する。それらの場合には，一度消炎剤や抗菌薬などの投与により炎症を鎮めてから再検査を行うことで診断を進める方法も考慮する余地があるだろう。

腫瘍の由来や悪性度を推測する

細胞診で腫瘍が疑われたら，次にその由来と悪性度について評価する。そうすることで，転移性や浸潤性など腫瘍の生物学的挙動さらには予後を推測し，治療方針の決定につなげたい。細胞の由来については，**表4-1** に示すような細胞学的特徴から，上皮系細胞，間葉系（非上皮系）細胞，独立円形細胞の3系統を区別するのが一般的である。加えて，さらに特異的な細胞所見により分化傾向の把握や細かな由来を推定できる場合も少なくない。とくに独立円形細胞腫瘍では，特徴的な細胞形態の典型所見が得られれば細胞診で確定診断まで可能なこともある。なお，上皮系細胞由来の腫瘍であっても，きわめて悪性度が高い未分化な細胞は細胞同士の接着性が低下することによって，あたかも独立円形細胞のように見えることがあるため注意する。

細胞の由来と並行して，悪性度を評価するにあたり注目すべき代表的な悪性所見を**表4-2** に列挙する。悪性の判断基準には諸説あるが，これらのうち4〜5個以上の所見を認めた場合に悪性と判断するのが一般的といえるかもしれない。なかでもとくに重要視すべきなのは核異型であり，確信をもって悪性腫瘍と判断するためには少なくとも3個以上の核異型所見を確認するようにしたい。

表4-2 代表的な悪性所見の例

・標本全体として多数の細胞が採れている（とくに間葉系細胞の場合）

・不整な細胞集塊の形成

・単一の細胞群の中での多形性（サイズや形態の多様性）

・細胞の大小不同（1.5～2倍以上の差）

・細胞質異型（好塩基性化や空胞化）

・核異型
　―巨核化
　―N/C比の増加（大型の核と乏しい細胞質）
　―核の大小不同（直径にして2倍以上の差）
　―クロマチンの増加および不整な凝集（微細顆粒・細網状から粗網状への変化）
　―核小体の増加（5～6個以上）および大型化（赤血球サイズを超える）
　―核形態の不整（不規則な凹凸や切れ込み）
　―多核化
　―核分裂像の増加または異常分裂像（不均等分裂，多極分裂）

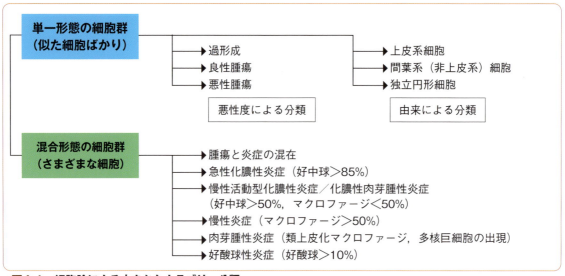

図4-1 細胞診による大まかなカテゴリー分類

カテゴリーで考える

これまで述べたような「①炎症と腫瘍の区別，②細胞由来，③悪性度」の評価を組み合わせることによって，炎症性病変，非炎症性非腫瘍性病変，上皮系良性腫瘍，間葉系良性腫瘍，上皮系悪性腫瘍，間葉系悪性腫瘍，独立円形細胞腫瘍，というカテゴリー分類が可能となる（図4-1）。確定診断または仮診断には至らなくとも，これらのカテゴリーを鑑別することができれば，細胞診の目的としては一定程度達成できたといえ，そこから先

1. 細胞の観察法

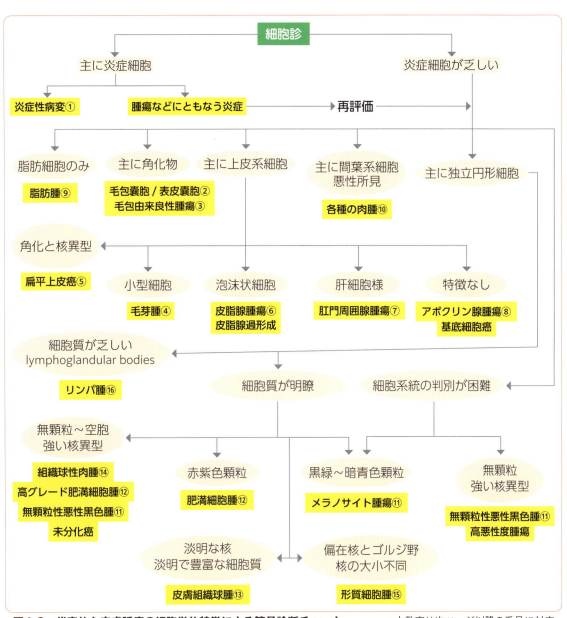

図4-2 代表的な皮膚腫瘍の細胞学的特徴による簡易診断チャート　＊丸数字は次ページ以降の番号に対応

の考え方は第2章『各論』で解説したとおりである。なお、例外は存在するものの、良性腫瘍は上皮系であれ間葉系であれ、由来となる細胞に「腫」を付けて「○○腫（-oma）」とよび、上皮系悪性腫瘍は「○○癌（-carcinoma）」、間葉系悪性腫瘍は「○○肉腫（-sarcoma）」とする診断名の原則がある。

次項から、これらのカテゴリーごとに各種腫瘍の細胞診写真を紹介していく。また、臨床現場での活用を想定して、筆者が鏡検する際のポイントを簡略化した診断チャートを**図4-2**に掲載するが、決して無理矢理に診断することのないよう参考程度に利用してもらいたい。

2. 細胞診アトラス

炎症性病変

①肉芽腫性炎症

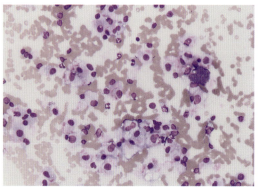

図4-3　肉芽腫性炎症（a）
赤血球とともに均一でない細胞集団が採取されており，腫瘍の可能性よりも炎症が優位であることが示唆される。

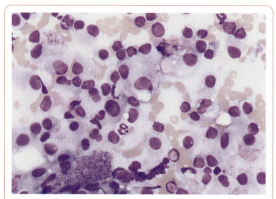

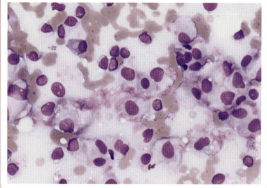

図4-4　肉芽腫性炎症（b）
上皮様の細胞間接着を示す類上皮化マクロファージを主体として，好中球，リンパ球，形質細胞といった炎症細胞で構成され，肉芽腫性炎症と判断される。

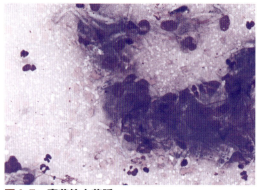

図4-5　真菌性肉芽腫
不染性の糸状菌の周囲にマクロファージが集簇をなしており，肉芽腫性もしくは化膿性肉芽腫性炎症と判断される。

【コメント】

　炎症と腫瘍はしばしば併発するほか，とくに間葉系悪性腫瘍や組織球性腫瘍はときに慢性炎症と細胞所見が類似するため，炎症性病変という仮診断で満足せず，疑問や矛盾が生じた場合には組織生検を考慮する必要がある。

非炎症性非腫瘍性病変

②毛包嚢胞／表皮嚢胞

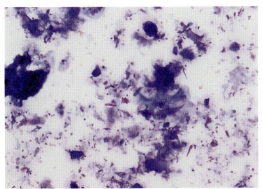

図4-6　毛包嚢胞／表皮嚢胞（a）
淡青色または濃青色で多角形のうろこ状の角化物が大量に採取される。多くは角化が進行して核が消失しているが，濃染核が残存する扁平上皮細胞も散見されることがある。

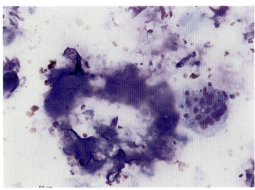

図4-7　毛包嚢胞／表皮嚢胞（b）
嚢胞状構造が破綻して角化物が組織中に漏出すると，異物反応が惹起されて多核巨細胞の出現をともなう肉芽腫性炎症を生じることがある。

【コメント】

細胞診で主に角化物が採取される毛包嚢胞／表皮嚢胞，漏斗部角化棘細胞腫，毛包上皮腫，毛母腫などを総称してケラチン含有性嚢胞（keratin inclusion cyst）とよび，細胞学的な鑑別は困難であるが，いずれも良性病変であり，臨床的な治療方針は大きく変わらないことから，必ずしも診断を確定する必要はないと考えている。

上皮系腫瘍

③毛包由来良性腫瘍

A 漏斗部角化棘細胞腫

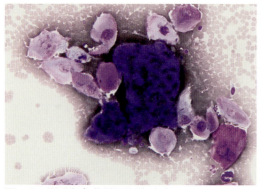

図4-8　漏斗部角化棘細胞腫（a）
主に多角形のうろこ状の淡明な角化物が採取されている。多くは角化が進行して核が消失するが，まだ有核の扁平上皮細胞もみられ，赤紫色に染色されるケラトヒアリン顆粒が目立つ場合もある。

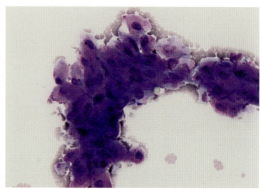

図4-9　漏斗部角化棘細胞腫（b）
角化物に混じって，卵円形の核と中等量の細胞質を有し角化傾向を示す上皮細胞集塊がわずかに得られることもあるが，核異型は認められない。

B 毛包上皮腫

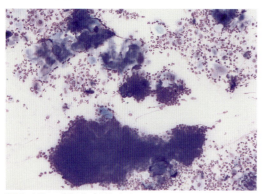

図4-10　毛包上皮腫（a）
主に淡青色に染まる角化物が採取されている。潰瘍形成や囊胞の破綻にともなう化膿性炎症もしくは化膿性肉芽腫性炎症の併発が認められることも多い。

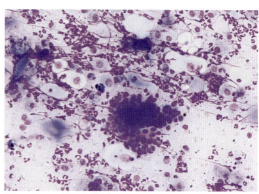

図4-11　毛包上皮腫（b）
角化物に混じって，基底細胞様の小型上皮細胞の集塊が得られることもあるが，異型性は認められない。

2. 細胞診アトラス

【コメント】
　細胞診で主に角化物が採取される毛包嚢胞／表皮嚢胞，漏斗部角化棘細胞腫，毛包上皮腫，毛母腫などを総称してケラチン含有性嚢胞（keratin inclusion cyst）とよび，細胞学的な鑑別は困難であるが，いずれも良性病変であり，臨床的な治療方針は大きく変わらないことから，必ずしも診断を確定する必要はない場合が多い．ごくまれに発生する悪性毛包上皮腫，悪性毛母腫では，角化物とともに核異型をともなう基底細胞様の腫瘍細胞塊が認められる．

④ 毛芽腫

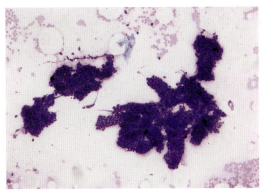

図4-12　毛芽腫（a）
均一な小型の細胞が密に接着して厚みをもった集塊として観察される．

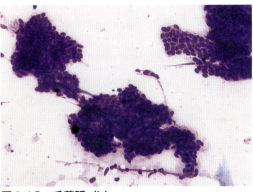

図4-13　毛芽腫（b）
細胞や核の大小不同は乏しく，N/C比の高い基底細胞様細胞が密に配列している．

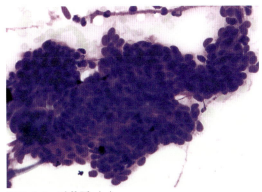

図4-14　毛芽腫（c）
個々の細胞は濃染する類円形から卵円形の核と狭小な細胞質を有し，細胞塊周囲に赤紫色の不定形の細胞外基質が付着している様子が観察されることも多い．

【コメント】
　毛包由来良性腫瘍の中でも角化物が採取されないタイプであり，特徴的な細胞診所見から比較的容易に仮診断が可能であるが，確定診断には病理組織学的検査が必要である．

⑤扁平上皮癌

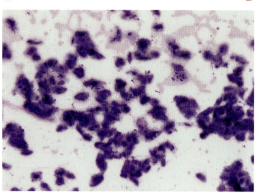

図4-15　扁平上皮癌（a）
角化して濃青色から淡青色またはターコイズブルーの広い細胞質を有する，多角形から円形の大小不同の細胞がシート状または孤在性に認められる。

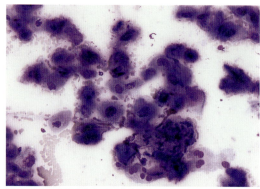

図4-16　扁平上皮癌（b）
未分化なものほどN/C比が高く細胞質が好塩基性で，分化が進むと細胞質が広くかつ淡明になる。

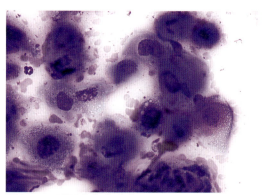

図4-17　扁平上皮癌（c）
円形から楕円形の核には一般に強い異型性が認められ，角化が進むと核は濃縮し，核周囲の細胞質内に空胞が認められる。

【コメント】

　良性のケラチン含有嚢胞と異なり，角化しているにもかかわらず，ほとんどの細胞が核を有している時点で異型性所見と考えられ，核と細胞質の成熟不一致（核細胞質成熟乖離）と表現される。特徴的な細胞診所見から仮診断が十分可能なこともあるが，確定診断には原則として病理組織学的検査が必要である。

⑥ 皮脂腺腫瘍

A 皮脂腺腫

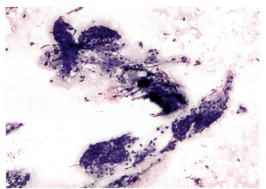

図4-18　皮脂腺腫（a）
淡明な細胞質を有する単一形態の細胞が集塊状に採取され，背景には大小の脂肪空胞（脂肪滴）が認められる。

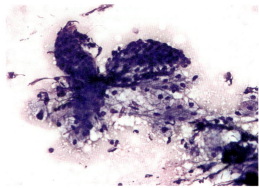

図4-19　皮脂腺腫（b）
淡明な細胞は，微細な空胞により泡沫状を呈する豊富な細胞質と類円形核とを有する成熟した皮脂腺上皮細胞であり，それとは別に，基底細胞様の凝集した核と狭い細胞質を有する小型の補助細胞（reserve cell）がシート状に配列する。

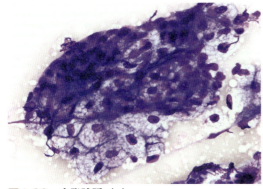

図4-20　皮脂腺腫（c）
上皮集塊の主体が皮脂腺細胞であり，それと比較して補助細胞の出現割合が低い場合に皮脂腺腫を疑う。

B 皮脂腺上皮腫

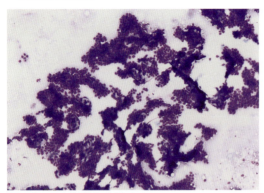

図4-21　皮脂腺上皮腫（a）
一見して毛芽腫のような均一な小型上皮細胞が集塊状に採取され，背景には大小の脂肪空胞（脂肪滴）が認められる。

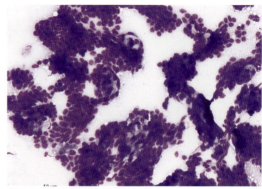

図4-22　皮脂腺上皮腫（b）
よくみると，基底細胞様の濃染する卵円形の核と少量の細胞質を有する補助細胞の集塊を主体としつつ，泡沫状の皮脂腺細胞への分化傾向がわずかに認められる。

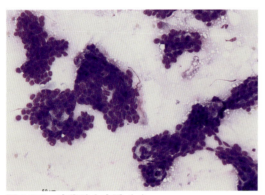

図4-23　皮脂腺上皮腫（c）
上皮集塊の主体が補助細胞であり，それと比較して皮脂腺細胞の出現割合が低い場合に皮脂腺上皮腫を疑う。

【コメント】

　細胞診で皮脂腺腫と皮脂腺過形成を鑑別することはできないが，いずれも良性病変であり，臨床的な治療方針は変わらないことから，必ずしも診断を確定する必要はないと考えている。一方で，皮脂腺上皮腫は低悪性度に分類されるため，注意して鑑別したい。また，悪性所見をともなう場合には皮脂腺癌を疑うが，厳密な悪性度の評価には病理組織学的検査が必要である。

　眼瞼縁に存在するマイボーム腺も皮脂腺の一種であり，腫瘍化した場合には，同様に皮脂腺細胞と補助細胞の割合や悪性度の有無によって腺腫，腺上皮腫，腺癌に分類される。

⑦肛門周囲腺腫瘍

A 肛門周囲腺腫

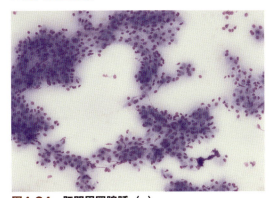

図4-24　肛門周囲腺腫（a）
単一形態の細胞群がシート状に多数採取されることが多い。

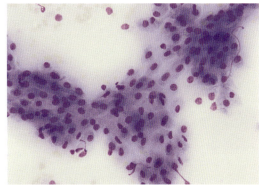

図4-25　肛門周囲腺腫（b）
広い細胞質とクロマチンが粗造な円形核を有し，形態や色調が肝細胞に類似していることから肝様腺腫（hepatoid gland adenoma）とよばれることもある。

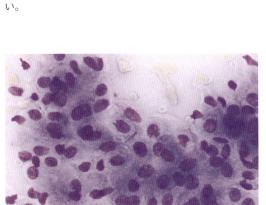

図4-26　肛門周囲腺腫（c）
細胞質は微細顆粒状に好酸性と好塩基性が入り混じったような両染性を呈する。N/C比の高い小型の補助細胞がみられることもあるが，肛門周囲腺腫ではその割合は高くない。

【コメント】

肛門周囲腺は皮脂腺が変形したものであり，皮脂腺腫瘍と同様に，肛門周囲腺細胞と補助細胞の割合によって肛門周囲腺腫と肛門周囲腺上皮腫に分類される。悪性所見をともなうものは肛門周囲腺癌を疑うが，高分化型も存在し，細胞診での鑑別は困難なことも多いため，厳密な悪性度の評価には病理組織学的検査が必要である。

⑧アポクリン汗腺腫瘍

A アポクリン腺癌

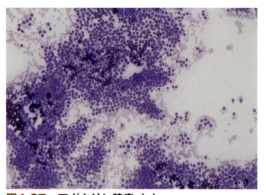

図4-27　アポクリン腺癌（a）
軽度の大小不同をともなう細胞集塊が主にシート状に採取されている。

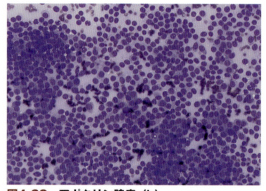

図4-28　アポクリン腺癌（b）
散見される核分裂像や好塩基性で空胞を有する細胞質から悪性が示唆されるが，明らかな特徴のない上皮系細胞集塊である。

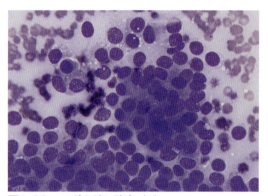

図4-29　アポクリン腺癌（c）
腺房構造を反映する放射状配列と核の偏在が観察されることがある。

【コメント】

　肛門　明確な分化傾向を示さないため，細胞診での評価はしばしば困難をともなうが，逆説的に「特徴がないことが特徴」と考えることもできる。

　乳腺や肛門囊腺，耳垢腺は特殊なアポクリン腺であり，これらの腺癌ではいずれも類似の細胞が採取されるため，発生部位によって鑑別するのが現実的である。また，他臓器に由来する腺癌の皮膚転移巣との鑑別も非常に困難である。

間葉系(非上皮系)腫瘍

⑨脂肪腫

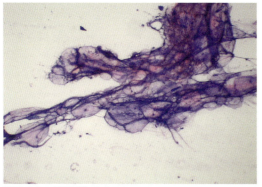

図4-30　脂肪腫（a）
採取された脂肪は固定時にメタノールに溶け，一般に観察可能な細胞成分は乏しい。スライド上に細胞成分が何も残らない場合もある。

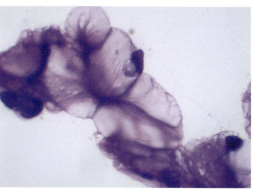

図4-31　脂肪腫（b）
大型の脂肪滴空胞を有する成熟脂肪細胞のみが網目状の集塊を形成する。

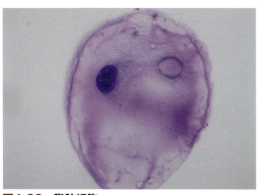

図4-32　脂肪細胞
成熟脂肪細胞は小型偏在性の核と空胞状の豊富な細胞質を有し，N/C比が低く異型性はみられない。

【コメント】

特徴的な細胞診所見から容易に仮診断が可能であるが，細胞学的に脂肪腫と正常な脂肪組織を鑑別することは困難であり，「腫瘍本体が採れておらず近傍の正常な脂肪のみ採取されただけ」という状況には注意が必要かもしれない。浸潤性の評価を含めた厳密な確定診断には病理組織学的検査が必要である。なお，良性の間葉系細胞は一般に細胞が採取されにくく，脂肪腫を除いて細胞学的に診断する機会は多くない。

⑩ 各種の肉腫（間葉系悪性腫瘍）

A 脂肪肉腫

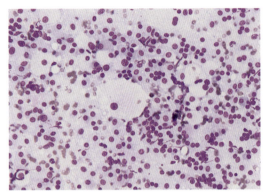

図4-33　脂肪肉腫（a）
大小不同を呈する裸核の細胞が多数採取されている。

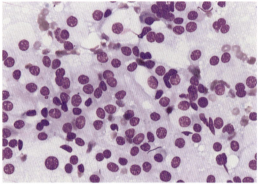

図4-34　脂肪肉腫（b）
細胞質は原則として太い紡錘形を呈するはずだが，裸核化して形態は不明瞭であることも多い。細胞質内にはさまざまな大きさの明瞭な空胞（脂肪滴）がみられ，細胞外にも多数の空胞が認められる。

B 線維肉腫

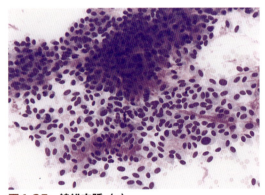

図4-35　線維肉腫（a）
炎症細胞をともなわずに，単一形態の中での多形性をともなう紡錘形細胞が大量に採取されており，コラーゲン様物質を示唆するピンク色の不定形構造が細胞間に認められる。

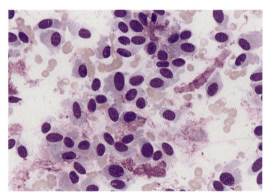

図4-36　線維肉腫（b）
個々の細胞は太い紡錘形で，細胞どうしの接着は弱く，核は楕円形から紡錘形を呈し，大小不同が顕著である。

2. 細胞診アトラス

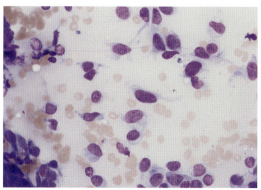

図4-37　猫の注射部位肉腫
猫の注射部位肉腫は線維肉腫の性格をもって発生することが多く，高い悪性度を反映して細胞異型がとくに顕著に認められる。

C 血管周囲壁腫瘍／血管周皮腫

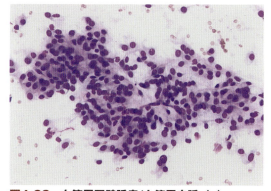

図4-38　血管周囲壁腫瘍／血管周皮腫（a）
炎症細胞をともなわずに，さほど異型性の高くない紡錘形細胞の集団が認められる。しばしばほかの肉腫に比べて多くの細胞が採取される。

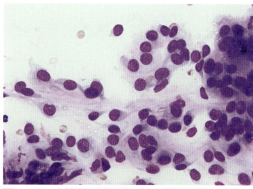

図4-39　血管周囲壁腫瘍／血管周皮腫（b）
個々の細胞は主に辺縁不明瞭な紡錘形を呈するが，核はむしろ円形に近いものが多く，大きさは比較的均一で悪性所見は強くない。

【コメント】

　ここに挙げた間葉系悪性腫瘍はいずれも軟部組織肉腫と総称されるものであり，由来する組織によって細胞の特徴が少しずつ異なる。原則として確定診断には病理組織学的検査が必要であり，同時に組織学的グレードも評価される。

　炎症などにともなって出現する線維芽細胞は，あたかも強い異型性を示す紡錘形細胞として観察されることがあり，そのような場合には細胞診のみで軟部組織肉腫と明確に鑑別することは困難である。一方で，炎症細胞をともなわずに間葉系細胞が単一の細胞群として多数採取されることは，それ自体が異常であり，肉腫を疑う所見である。

⑪ メラノサイト腫瘍

A メラノサイトーマ（良性メラノーマ）

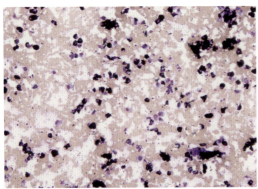

図4-40　メラノサイトーマ（a）
多量の血液とともに単一形態の細胞が散見され，細胞質内や背景に黒色のメラニン顆粒が広く認められる。

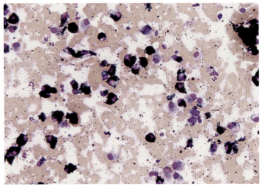

図4-41　メラノサイトーマ（b）
一般的には紡錘形細胞として出現するが，独立円形細胞様のものも認められ，ときに上皮細胞様を呈するなど，幅広い細胞形態をとり得る。細胞質内に微細な黒緑色顆粒を含むが，その量は細胞によってさまざまである。

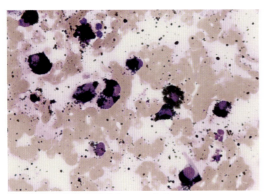

図4-42　メラノサイトーマ（c）
悪性黒色腫と比較して，核は小型かつ細胞の大小不同などの異型性所見に乏しく，均一な形態を呈する。

B 悪性黒色腫（悪性メラノーマ）

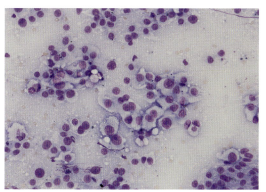

図4-43　悪性黒色腫（a）
異型性の高い細胞が認められ，しばしば無顆粒性である。同一標本の中でもさまざまな細胞形態が観察され，上皮系，間葉系，独立円形細胞といったカテゴリーが絞りづらい。

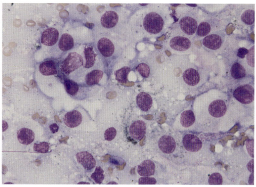

図4-44　悪性黒色腫（b）
乏色素性メラノーマでは，一見して顆粒を有さない細胞が大部分であるものの，標本をくまなく探すことで黒緑色から青緑色の微細顆粒を少数もつ細胞を発見できることが少なくない。

【コメント】

　皮膚のメラノーマはほとんどが良性であり，細胞診でメラニン顆粒が明瞭に確認できる場合には，容易に仮診断が可能である。逆に明確な顆粒を有さないケースでは，幅広い細胞形態も相まって，診断に苦慮することも少なくない。「特徴を絞り切れないこと」が特徴であるともいえるため，そのような細胞群に対してはメラノーマの可能性を頭において標本をくまなく観察し，意識して顆粒を探すと良い。

　メラノサイト腫瘍の悪性度の判定には，腫瘍細胞の浸潤度や解剖学的な発生部位などを含めて総合的な診断が必要であり，細胞診による悪性度の評価を過信することは避けるべきである。

独立円形細胞腫瘍

⑫肥満細胞腫

A．猫の皮膚肥満細胞腫（高分化型）

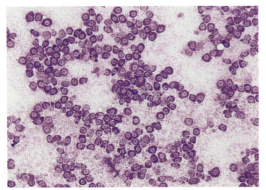

図4-45　猫の皮膚肥満細胞腫（高分化型）（a）
独立円形細胞が多数採取されることが多く，脱顆粒によって放出された赤紫～紫色の細胞質内顆粒が背景に散在すると標本全体に汚い印象をもたらす。低悪性度の肥満細胞腫は細胞質内顆粒を豊富に有し，核は円形で比較的均一である。

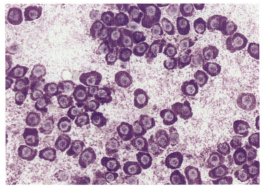

図4-46　猫の皮膚肥満細胞腫（高分化型）（b）
猫では犬よりも顆粒が細かく，細胞のサイズは均一であることが多い。細胞質内に含まれる顆粒の量は細胞によってさまざまで，大量の顆粒によって核が観察困難な場合や，核がほとんど染色されないこともある。

B．犬の高グレード皮膚肥満細胞腫

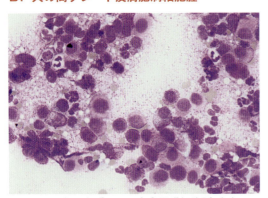

図4-47　犬の高グレード皮膚肥満細胞腫（a）
炎症細胞も採取されているが，中等度の細胞質内顆粒を有する肥満細胞が主体であり，放出された顆粒が背景にも認められる。

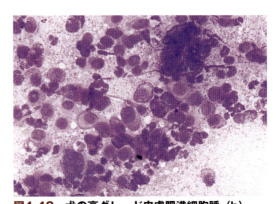

図4-48　犬の高グレード皮膚肥満細胞腫（b）
細胞質内顆粒が少ない，または核異型が強いものほど高い悪性度を示唆する。

2. 細胞診アトラス

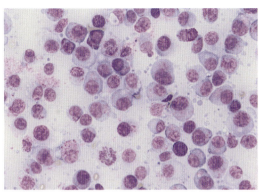

図4-49　犬の高グレード皮膚肥満細胞腫（c）
顕著な核異型をともなう独立円形細胞が多数採取されている。

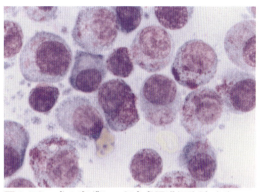

図4-50　犬の高グレード皮膚肥満細胞腫（d）
一見して肥満細胞と判別できないほど細胞質内顆粒が乏しいか，または不明瞭であるが，よくみると微細な好塩基性顆粒が確認できる。

C．猫の皮膚肥満細胞腫（多形型）

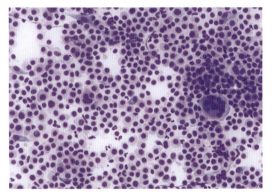

図4-51　猫の皮膚肥満細胞腫（多形型）（a）
一見して肥満細胞と判別できないほど細胞質内顆粒が乏しいか，または不明瞭な独立円形細胞が多数採取され，多核細胞が散見される。

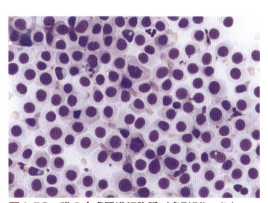

図4-52　猫の皮膚肥満細胞腫（多形型）（b）
核および細胞質のサイズはさまざまでN/C比のばらつきが大きく，よくみると微細な細胞質内顆粒が確認できるものがある。核分裂像も散見される。

【コメント】

　明らかに顆粒が観察される場合には細胞診で確定診断が可能であり，さらに犬の皮膚肥満細胞腫では，細胞診によって組織学的グレードまでをも推測することが可能とされている（第2章『各論』Memo『犬の皮膚肥満細胞腫のステージ分類とグレード分類』，p.88を参照）。

　一方で，顆粒が不明瞭であればときに診断は困難であり，とくに異型性が強いものでは，組織球性肉腫や無顆粒性メラノーマなどとの鑑別が重要となる。ディフクイック染色などの迅速簡易染色では顆粒が染色されないことがあるため，ライト・ギムザ染色やメイ・ギムザ染色などを実施した上で，標本をくまなく観察し，意識して顆粒を探すと良い。

　猫では，とくに多発性の場合には，内臓型（脾臓）肥満細胞腫の皮膚転移巣であることも少なくなく，純粋な皮膚肥満細胞腫と細胞診のみで鑑別することは困難である。

⑬皮膚組織球腫

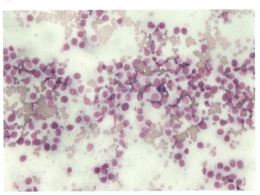

図4-53 犬皮膚組織球腫（a）
異型性の乏しい独立円形細胞の集団が採取されている。細胞質内顆粒と見誤るようなゴミが散見され，染色時の水洗不足が疑われる。

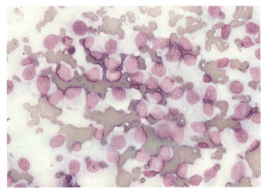

図4-54 犬皮膚組織球腫（b）
淡色の比較的大きな細胞質を有し，クロマチン結節が乏しく微細網状に薄く染まる類円形核には異型性がみられない。

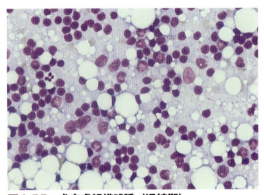

図4-55 犬皮膚組織球腫（退縮期）
退縮期には小型で濃染する核を有する成熟リンパ球が浸潤し，退縮の進行にともない本来の組織球様細胞よりもむしろリンパ球主体に観察されるようになる。

【コメント】

　特徴的な臨床像とあわせて細胞診で確定診断可能なことも多いが，とくに退縮期には成熟リンパ球の浸潤が多くなるため，マクロファージ様の組織球腫細胞とともに慢性炎症像に類似して評価に戸惑うこともある。

　発生はごくまれであるが，多発性腫瘤を形成する皮膚組織球症，全身性組織球症または皮膚ランゲルハンス性組織球症とは細胞診所見が類似し，病理組織学的検査による鑑別が必要となる。

⑭組織球性肉腫

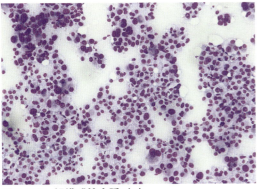

図4-56 組織球性肉腫（a）
非常に異型性が強いことが特徴であり，一見して高い悪性度を疑わせる．主に円形で接着性の低い細胞集団が採取されている．

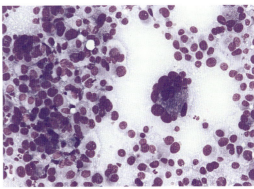

図4-57 組織球性肉腫（b）
個々の細胞は組織球様で細胞質が広く，微細な空胞をともなってしばしば泡沫状を呈している．核の大小不同が顕著で，多核細胞がみられることも多い．

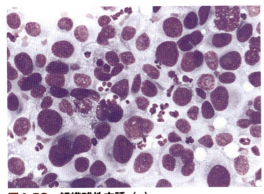

図4-58 組織球性肉腫（c）
核は類円形で，粗い顆粒状のクロマチンを有し，明瞭な核小体が複数観察されることが多い．分裂像がしばしばみられることも特徴であり，異常分裂像や巨核化が認められることも多い．

【コメント】
　ほかの独立円形細胞腫瘍と異なり，原則として細胞診のみでの確定診断は困難であり，病理組織学的検査や免疫染色が必要とされる．とくに異型性が高く顆粒の乏しい肥満細胞腫や無顆粒性メラノーマとの鑑別が重要と考えられ，「顆粒がない」ことをより確実にするため，染色時の水洗は十分に行うことと，迅速簡易染色よりもライト・ギムザ染色などを実施した上で，標本をくまなく観察し，意識して顆粒を探すと良い．

⑮形質細胞腫

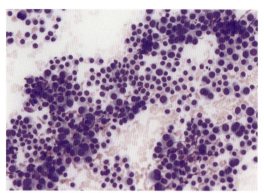

図4-59　皮膚形質細胞腫（a）
顕著な核の大小不同ならびにしばしば2核や多核細胞の出現をともなって，多くの独立円形細胞が採取されている。

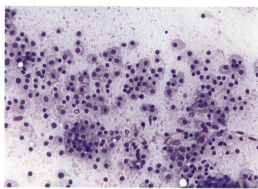

図4-60　皮膚形質細胞腫（b）
青く濃染する細胞質と偏在性の核を有し，核近傍の細胞質には明瞭な核周明庭（ゴルジ野）が観察される。

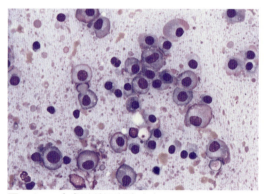

図4-61　皮膚形質細胞腫（c）
細胞質辺縁に好酸性構造物（免疫グロブリン）をまとった火炎細胞（flame cell）が観察されることがある。

【コメント】
　特徴的な細胞形態から細胞診で確定診断が可能な腫瘍である。一見して悪性を思わせる核の多形性が特徴のひとつであるが，皮膚形質細胞腫は臨床的には良性の挙動を示す。逆に骨髄由来の形質細胞腫瘍である多発性骨髄腫は悪性経過をたどるが，両者の細胞学的な鑑別は困難である。純粋に皮膚形質細胞腫なのか，それともごくまれではあるが多発性骨髄腫の皮膚転移なのか，念のため注意を払う必要がある。

⑯ リンパ腫

写真は神宮プライズ動物病院　大隅尊史先生のご厚意による

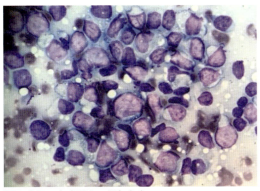

図4-62　皮膚リンパ腫（a）
好塩基性で狭い細胞質と核周明庭を有するリンパ球系細胞の集塊が観察される。直径で比較して赤血球と同じくらいのサイズの核を有する小型成熟リンパ球（小細胞）から赤血球の3倍以上のサイズの核を有する大型リンパ球（大細胞）まで採取されているが，主体は大細胞性と判断される。

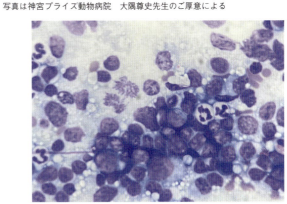

図4-63　皮膚リンパ腫（b）
細胞集団が均一でなく，好中球や成熟リンパ球も目立ち，一見して炎症も疑う所見であるが，核分裂像が認められるほか，淡い好塩基性を呈するさまざまな大きさの細胞質の破片（lymphoglandular bodies）が背景にみられ，リンパ球増殖性疾患が示唆される。

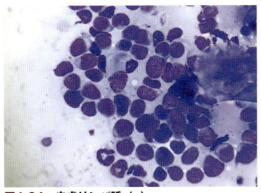

図4-64　皮膚リンパ腫（c）
細胞質の狭い比較的均質な独立円形細胞集団が採取されている。好中球と同じくらいの直径の中型リンパ球（中細胞）を主体として，好中球よりも直径が小さい小型リンパ球の出現も認められる。

【コメント】

　皮膚炎のような外観を呈する上皮向性リンパ腫ではあまり腫瘍細胞が得られないことも多いが，腫瘤もしくは局面などの隆起病変がみられればFNBまたはFNAの実施を推奨する。均一なリンパ球系細胞が主体として採取され，とくに芽球様の大細胞が多数の場合には，細胞診で「リンパ腫であること」までは確定できることもあるが，予後の推測や治療にあたっては組織型やサブタイプの分類も重要と考えられ，病理組織学的な評価が必須と考えている。

　びらん・潰瘍部のスタンプは炎症細胞ばかりで本体の腫瘍細胞が不明確なことも少なくないが，炎症の程度に釣り合わない多数のリンパ球あるいは大型のリンパ球が採取された場合などには，皮膚生検に進む根拠として活用できる。

　細胞の背景にみられることのあるlymphoglandular bodies (LGBs) はリンパ球系細胞の細胞質の破片であり，その部位でのリンパ球系細胞の増殖を示唆するため，節外性リンパ腫の診断の一助となるほか，ほかの独立円形細胞腫瘍との鑑別に有用である。

参考文献

1. Muller, W. H., Griffin, C. E., Campbell, K. L. (2013): Problem-Based Differential Diagnoses and Diagnostic Approaches. In: Muller and Kirk's Small Animal Dermatology, 7th ed, pp.407-433, Elsevir.
2. Muller, W. H., Griffin, C. E., Campbell, K. L. (2013): Neoplastic and Non-Neoplastic Tumors. In: Muller and Kirk's Small Animal Dermatology, 7th ed, pp.3439-3776, Elsevir.
3. Gross, T. L., Ihrke, P. J., Walder, E. J., Emily J. Walder, et al. eds. (2005): Neoplasms and Other Tumors, In: Skin Diseases of the Dog and Cat: Clinical and Histopathologic Diagnosis, 2nd ed, pp.561-893, Blackwell Science.
4. Vail, D. M., Thamm, D. H., Loptak. J. M. eds. (2020): Diagnostic cytopathology in Clinical Oncology. In: Withrow and MacEwen's Small Animal Clinical Oncology, 6th ed, pp.126-145, Elsevir.
5. 根尾櫻子 (2012): ケラチン含有性嚢胞. *Small Animal Dermatology*, 8(6): 56-62.
6. 二瓶和美 (2018): 体表腫瘍の院内診断ガイド. *Veterinary Oncology*, 5(2): 10-21.
7. 入江充洋監修 (2021): 各種腫瘍の細胞診所見 典型像とそのバリエーション. *Veterinary Oncology*, 29(1): 3-109.
8. 酒井洋樹 (2016): 小動物における細胞診の初歩の初歩, 増補改訂版, 緑書房.
9. 酒井洋樹 (2022): 犬と猫の実践細胞診アトラス, 緑書房.
10. 石田卓夫監修 (2013): 細胞診断学. In: 獣医腫瘍学テキスト, pp.85-116, ファームプレス.
11. 石田卓夫監訳 (2004): カラーアトラス犬と猫の細胞診, 文永堂出版.

索引

欧文

Camus分類	89
*c-kit*遺伝子	105, 115
CNB ➡ コアニードル生検	
FNA	52, 145
FNB	52, 144-145
HN分類	93
keratin inclusion cyst	185, 187
Kiupel分類	88, 89
lymphoglandular bodies（LGBs）	183, 203, 204
lymphosome	32
mass	50
NSAIDs	112, 117, 118, 123, 126
nodule ➡ 結節	
Patnaik分類	88, 89
TNM分類	29
tumor ➡ 腫瘍	

あ

亜鉛華デンプン外用療法	174
ー吹きつけ法	174
ーふりかけ法	174
ーワセリンガーゼ法	174
悪性黒色腫（悪性メラノーマ）	96-97, 183, 197
悪性腫瘍	80
ー診断アプローチ	80-82
ーに対する化学療法	103-106
ーに対する緩和治療	116-122
悪性所見	181, 182
アジュバント療法	35
圧扁細胞診	145-146
アポクリン汗腺腫瘍	192
アポクリン腺癌	12, 13, 192
アポクリン腺嚢胞	51, 55
アンダーマイニング	155-157
犬の高グレード皮膚肥満細胞腫	198, 199
犬皮膚組織球腫	68, 70, 200
異物性肉芽腫 ➡ 肉芽腫	
イマチニブ ➡ メシル酸イマチニブ	
ウォーキング縫合	157, 168
遠隔転移	33
炎症性病変	180, 182, 183, 184
押捺 ➡ スタンプ	

か

化学療法	103-106, 107-114
カテゴリー分類	182
化膿性肉芽腫性炎症 ➡ 肉芽腫	
簡易ライト・ギムザ染色	147
眼球摘出術	15, 22, 23
がん治療	38-39
がん免疫サイクル	39
緩和治療	116-122
緩和的モーズペースト変法	174-177
基底細胞腫	12, 74-75
吸引をともなわない細針生検 ➡ FNB	
鏡検	146

局所皮弁	162-165	脂肪肉腫	101, 194
－H形成術	162, 163	集学的治療	35-38
－陰嚢皮弁	165	収縮	172-173
－前進皮弁	161, 162-163	腫瘍	50
－皮膚ひだ皮弁	163-164	腫瘍随伴症候群	117
局所麻酔	148	腫瘤	50
筋間脂肪腫	72-73	上皮化	172-173
グレード分類	88-89	上皮系腫瘍	80, 82, 186-192
外科治療	18-27	浸潤性脂肪腫	37, 73
血管周囲壁腫瘍	101, 195	深部マージン	20-22, 152-154
血管周皮腫	100-101	スタンプ	14, 15, 204
血管肉腫	94-95	ステージ分類	88-89, 133
結節	50, 53, 54	ステージング	27-34
結節性脂肪織炎	51, 58-59, 60	生検トレパン	150-151, 162
ケラチン含有性嚢胞	185, 187	切除縁	21
減張切開	160-161	線維肉腫	12, 101, 194-195
－V-Y形成術	161	全身性組織球症	70-71, 200
－単純減張切開	160-161	組織球性肉腫	37, 71, 183, 201
－メッシュ状切開（多孔減張切開）	160, 165		
コアニードル生検	148-151	**た**	
口腔由来扁平上皮癌	125-126	第2指爪床扁平上皮癌	84-85
甲状腺癌	134-135	体表リンパ節	30
広範囲切除	152-154	多孔減張切開➡メッシュ状切開	
肛門周囲腺上皮腫	67, 191	多中心型リンパ腫	131-132
肛門周囲腺癌	66-67, 191	断指術	19, 84-85, 100
肛門周囲腺腫	66-67, 191	チューブフィーディング	119, 126
肛門周囲腺腫瘍	183, 191	張力線	152-155
骨肉腫	112, 123-124	鎮痛ラダー	118
		トセラニブ➡リン酸トセラニブ	
さ		ドッグイヤー	158-159
サージカルマージン	20, 23, 38		
細針吸引生検➡FNA		**な**	
細胞の由来	52, 146, 181	軟部組織肉腫	100-101, 110-111
擦過細胞診	145	二期癒合	172-173
自壊	119-122, 174-177	肉芽腫	9, 51, 59, 81, 182, 184
軸状皮弁	166-168	－異物性肉芽腫	56-57
脂腺腺腫➡皮脂腺腫		－化膿性肉芽腫性炎症	54, 58-59, 184
湿潤療法	168, 170	－縫合糸肉芽腫	56-60
脂肪壊死	72-73	肉芽腫性炎症	180, 182, 184-185
脂肪細胞	183, 193	二次診療への紹介	42-44
脂肪腫	64-65, 72-73, 183, 193		

乳腺癌	129-130
ネオアジュバント療法	36, 103
猫の皮膚肥満細胞腫（高分化型）	198
猫の皮膚肥満細胞腫（多形型）	199

は

バイオプシーニードル	148-151
針コア生検	148-150
パンチ生検	150-151
非炎症性非腫瘍性病変	182, 185
皮下腫瘤	12
皮脂腺腫	76-79
皮脂腺腫瘍	183, 189-190
皮脂腺上皮腫	78-79, 190
非腫瘍性の腫瘤	50
非腫瘍性病変	50-60
—診断アプローチ	52
非ステロイド性鎮痛薬 ➡ NSAIDs	
皮膚形質細胞腫	202
皮膚腫瘍の「名前」	10-13
皮膚腫瘤	12
皮膚組織球腫	68-71, 183
皮膚肥満細胞腫	86-87, 90, 91-92, 93, 98-100, 107-109, 198-199
皮膚由来ではない体表腫瘤	127-135
—診断アプローチ	127-128
皮膚リンパ腫	203-204
肥満細胞腫	113-114, 115, 183, 198-199
表皮嚢胞	53, 54, 183, 185, 187
病理組織学的検査	40-42
フィールドブロック	148
フェンタニル	118, 123, 125
舟形切除	158-159
ブプレノルフィン	117, 118, 125
分子標的薬	104-106
辺縁部切除	152
扁平上皮癌	76, 84-85, 125-126, 183, 188
縫合糸肉芽腫 ➡ 肉芽腫	
縫合閉鎖法	154-157
放射線治療	35-37

ま

マルチモーダル治療	35
無菌性結節性脂肪織炎	58-59, 60
メシル酸イマチニブ	37, 105-106, 115
メトロノーム療法	112
メラノーマ	197
メラノサイトーマ（良性メラノーマ）	196
メラノサイト腫瘍	97, 183, 196-197
モイストウーンドヒーリング ➡ 湿潤療法	
毛芽腫	74-75, 183, 187
毛包上皮腫	186-187
毛包嚢胞	53, 54, 81, 183, 185
毛包由来良性腫瘍	53, 54, 183, 186-187
モーズペースト	120-122, 174-177

ら

領域リンパ節	28-30
良性腫瘍	61-79
—診断アプローチ	61-62
リン酸トセラニブ	37, 105, 109, 115
リンパ腫のステージ分類	133
リンパ節腫大	29, 125, 131, 132
リンパ節転移	28-29, 93, 110, 113-114, 129-130
リンパ領域	32
漏斗部角化棘細胞腫	186

強矢　治 SUNEYA OSAMU

西湘動物病院 院長
平塚夜間救急動物医療センター 取締役
日本獣医皮膚科学会 理事

略歴

2001 年	東京農工大学獣医学科家畜内科学教室卒業
	斉藤動物病院（埼玉県さいたま市）勤務
2005 年	よしむら動物病院（埼玉県鳩ヶ谷市）勤務
2007 年	日本小動物医療センター総合診療科（埼玉県所沢市）
	勤務ならびに腫瘍外科非常勤
2009 年	琉球動物医療センター（沖縄県豊見城市）副院長
2012 年	獣医腫瘍科認定医Ⅱ種（日本獣医がん学会）取得
2015 年	夜間救急動物医療センター（神奈川県平塚市）勤務
2017 年	西湘動物病院（神奈川県中郡二宮町）開院
2021 年	夜間救急動物医療センター取締役就任
	日本獣医皮膚科学会理事就任
2024 年	獣医総合臨床認定医（JAHA）取得

一次診療で押さえておきたい！
犬と猫のできもの対策
～皮膚腫瘍へのアプローチ～

2024 年 12 月 15 日　第 1 版第 1 刷発行

執筆	強矢治
発行者	太田宗雪
発行所	株式会社 EDUWARD Press（エデュワードプレス）
	〒194-0022　東京都町田市森野 1-24-13 ギャランフォトビル 3 階
	編集部：Tel. 042-707-6138／Fax. 042-707-6139
	販売推進課（受注専用）：Tel. 0120-80-1906／Fax. 0120-80-1872
	E-mail：info@eduward.jp
	Web Site：https://eduward.jp（コーポレートサイト）
	https://eduward.online（オンラインショップ）

表紙デザイン	橋本清香（caro design）
本文デザイン	アイル企画
組版	沖増岳二
編集協力	小林あすか
イラスト	河島正進，龍屋意匠合同会社，ヨギトモコ
印刷・製本	株式会社シナノパブリッシングプレス

乱丁・落丁本は，送料弊社負担にてお取り替えいたします。
本書の内容の一部または全部を無断で複写，複製，転載（電子化も含む）することを禁じます。
本書の内容に変更・訂正などがあった場合は，弊社コーポレートサイトの「SUPPORT」に掲載しております正誤表でお知らせいたします。
© 2024 EDUWARD Press Co., Ltd. All Rights Reserved. Printed in Japan.
ISBN978-4-86671-238-3 C3047